Montmahou

Cours d'histoire naturelle

7e édon

1879

COURS COMPLET

D'ENSEIGNEMENT SECONDAIRE SPÉCIAL

COURS
D'HISTOIRE NATURELLE

A LA MÊME LIBRAIRIE

DU MÊME AUTEUR

Éléments d'histoire naturelle :

Physiologie. 1 vol. in-18 jésus, 5e édit. avec 47 fig. cart. . 1 fr. 75

Zoologie. 1 vol. in-18 jésus, 4e édit. avec 261 fig., cart. . 2 fr. 50

Botanique. 1 vol. in-18 jésus, 4e édit. avec 207 fig., cart. . 2 fr. 50

Géologie et Minéralogie. 1 vol. in-18 jésus (*sous presse*).

Cours d'histoire naturelle répondant à l'enseignement secondaire spécial :

Année préparatoire. 1 vol. in-18 jés., 3e éd. avec 133 fig., cart. 2 fr. 50

Première année. 1 vol. in-18 jésus, 5e édit. avec 143 fig. cart. 2 fr. 25

Deuxième année. 1 vol. in-18 jésus, 3e édit. avec carte géologique et 168 fig., cart. . . . . 3 fr.

Troisième année. 1 vol. in-18 jésus, avec 171 fig., cart. . 3 fr. 50

Petite carte géologique de la France, détachée du volume de la deuxième année. . . . . 25 c.

Carte géologique en relief de la France, dressée par C. Kleinhans sous la direction de M. de Montmahou. . . . . 7 fr. 50

Cours d'histoire naturelle à l'usage de la classe de philosophie, rédigé conformément au programme du 24 juillet 1874. 1 vol. in-12, avec carte géologique et 177 fig., br. . . . . 3 fr.

LECTURES D'HISTOIRE NATURELLE

La vie et les mœurs des insectes : extraits des *Mémoires de Réaumur*. 1 vol. in-18 jésus avec fig., br. . . . . 2 fr.

COURS COMPLET
D'ENSEIGNEMENT SECONDAIRE SPÉCIAL

COURS D'HISTOIRE NATURELLE

RÉDIGÉ

Conformément aux programmes officiels de 1866

PAR

C. DE MONTMAHOU

Ex-Professeur d'Histoire Naturelle à l'École municipale Turgot
Inspecteur de l'enseignement primaire pour le département de la Seine

PREMIÈRE ANNÉE

SEPTIÈME ÉDITION

PARIS
LIBRAIRIE DE CH. DELAGRAVE
15, RUE SOUFFLOT, 15

1879

Toutes nos éditions sont revêtues de notre griffe.

PARIS. — IMPRIMERIE JULES LE CLERE ET Cie, RUE CASSETTE, 17.

PROGRAMME OFFICIEL

DU

COURS D'HISTOIRE NATURELLE

PREMIÈRE ANNÉE.

ZOOLOGIE (VERTÉBRÉS, PRINCIPAUX MAMMIFÈRES, ETC.) ; BOTANIQUE ; GÉOLOGIE.

1° ZOOLOGIE.

Notions sur les principaux organes d'un animal tel que le lapin, et sur les usages de ces parties : estomac, intestins, foie, poumons, cœur, vaisseaux, cerveau, muscles et os.

Ressemblances et différences entre les animaux, les plantes et les corps minéraux. — Caractères des trois règnes de la nature.

Notions sur les classifications en général. — Classifications naturelles et artificielles. — Utilité de la classification naturelle dans l'étude des animaux et des plantes.

Notions élémentaires sur la nomenclature. — Explication du sens que l'on doit attacher aux mots *espèce, genre, famille, ordre* et *classe*.

Examen comparatif du mode de conformation du chien, de l'écrevisse, du colimaçon et d'une étoile de mer. Tous les animaux sont constitués d'après un plan analogue à celui qu'offre l'une ou l'autre de ces espèces, et, par conséquent, le règne animal se subdivise en quatre groupes principaux appelés embranchements. — Montrer que les caractères les plus importants de l'organisation du chien se retrouvent chez un oiseau, un lézard, une grenouille et une carpe ou tout autre poisson ; par conséquent, tous ces animaux appartiennent à un même embranchement. — Montrer que les caractères les plus saillants de l'écrevisse se retrouvent chez le hanneton ou le crabe, chez l'araignée, chez les millepieds et même chez les vers de terre ; donc tous ces animaux appartiennent à un même embranchement. — Si l'école est située sur le bord de la mer, faire des démonstrations analogues pour divers mollusques et zoophytes.

Notions élémentaires sur la charpente intérieure des animaux vertébrés.

Des principales différences qui existent entre les animaux qui sont pourvus d'un squelette intérieur et qui appartiennent, par conséquent, à l'embranchement des vertébrés.

Différences dans les téguments du corps chez un chat ou un mouton, un oiseau, un lézard ou une grenouille et un poisson.

Relations entre l'existence de poils ou plumes et la nécessité de conserver la chaleur propre de l'animal. Animaux à sang chaud et à sang froid. Ces derniers n'ont pas besoin de vêtements naturels comme les premiers ; donc tous les animaux vertébrés qui ont des poils ou des plumes sont des animaux à sang chaud.

Les vertébrés pourvus de poils appartiennent tous à la classe des mammifères; ceux qui ont des plumes appartiennent à la classe des oiseaux. — Les vertébrés dont la peau est couverte d'écailles ou qui sont dépourvus de toute espèce de téguments de ce genre sont presque tous des reptiles, des amphibiens ou des poissons.

Les reptiles sont des vertébrés à peau écailleuse, qui sont conformés pour vivre sur la terre seulement.

Les poissons sont des vertébrés à peau écailleuse, qui sont conformés pour vivre toujours dans l'eau.

Les amphibiens ou batraciens sont des vertébrés à peau écailleuse ou nue, qui sont conformés pour vivre d'abord dans l'eau comme les poissons, puis à terre comme les reptiles.

Notions sur la structure de la peau, des poils, des ongles, etc.

Mammifères. — Les animaux vertébrés dont la peau est garnie de poils ont tous besoin d'une nourriture particulière pendant le jeune âge. — Allaitement. — Exemple : la vache. — L'existence des mamelles a beaucoup plus d'importance que celle des poils; les caractères sont d'autant plus constants qu'ils ont plus d'importance ; donc l'existence de mamelles doit être plus générale que l'existence de poils chez les animaux qui appartiennent au même groupe naturel que la vache. En effet, la baleine, par exemple, a la peau nue, mais elle appartient à la même classe d'animaux que les pilifères, et, comme eux, elle a des mamelles. — De là, le nom de mammifères donné à tous les animaux appartenant au groupe naturel qui comprend la vache, le cheval, le chat, le chien, le singe, etc.

Tous les mammifères ont besoin d'une respiration très-puissante. Il faut donc qu'ils respirent l'air en nature, et ils ne peuvent se contenter de la petite quantité de ce fluide qui se trouve en dissolution dans l'eau. Les organes à l'aide desquels cette respiration aérienne s'exerce sont les poumons. Donc les mammifères sont tous pourvus de poumons, tandis que les poissons, qui respirent dans l'eau, n'en ont pas.

Résumé des principaux caractères de la classe des mammifères.

Notions sur la classification des mammifères; — énumération des principaux groupes.

Espèce humaine. — Caractères organiques qui distinguent l'homme de tous les autres mammifères. — L'homme constitue un ordre particulier, appelé ordre des *bimanes.* — Insister sur les avantages de la spécialité des fonctions de la main et du pied. — Comparaison entre le mode de conformation des membres chez l'homme et chez les quadrumanes ou singes.

Du développement relatif du cerveau et de la face chez les animaux doués de plus ou moins d'intelligence. — Mesure de l'angle facial chez la grenouille, le lapin, le cheval et le singe. — Angle facial de l'homme et de quelques statues antiques, telles que le Jupiter olympien.

Notions sur les principales races humaines.

Quadrumanes. — Singe de l'ancien continent. — Notions sur le chimpanzé, l'orang-outang, le gorille et le magot.

Singe du Nouveau Monde. — Caractères qui les distinguent. — A cette occasion, dire quelques mots de la distribution géographique des animaux en général. — Différence des faunes suivant les régions.

Carnassiers. — Notions sur les carnassiers. — Différences dans la conformation de leurs pieds en rapport avec leurs mouvements. — Plantigrades : ours, etc. — Digitigrades : chien, chat, etc. — Ces animaux ne sont pas tous également carnivores. — Différences correspondantes dans la disposition de leurs dents.

Notions sur l'histoire naturelle : 1° de la belette, de la fouine, de la martre, etc.; 2° du loup, du chacal et du rènard; 3° du lion, du tigre, etc.; 4° de l'ours commun et de l'ours maritime.

Mammifères de l'ordre des ruminants. — Disposition de l'estomac chez ces animaux. — Mécanisme de la rumination.

Histoire naturelle des bœufs et des autres espèces les plus remarquables du même genre.

Histoire naturelle du mouton et de la chèvre.

Histoire naturelle des cerfs. — Développement et chute des bois.

Détails relatifs à l'utilité du renne.

Histoire naturelle du chameau, etc.

Mammifères à sabots qui ne ruminent pas. — Famille des solipèdes. (Rappeler ce qui a déjà été dit du cheval, etc.) — Le sanglier. — Le cochon, etc.

Quelques mots sur les hippopotames, les rhinocéros et les éléphants.

Notions sur les *mammifères insectivores.* — Le hérisson, la musaraigne. — La taupe, etc. — La chauve-souris.

Caractères du groupe des *rongeurs.* — Histoire des castors. — Des marmottes. — Phénomène de l'hibernation. — Des écureuils. —

Famille des rats; hamsters. — Voyages des lemmings. — Lièvres et lapins.

Mammifères aquatiques. — 1° Carnassiers aquatiques : la loutre, le phoque.

2° Ordre des Cétacés : le marsouin ou le dauphin; — la baleine et le cachalot. Histoire naturelle de ces derniers animaux, autant que cela sera nécessaire pour compléter ce qui en aura été dit dans l'année préparatoire.

Quelques mots : 1° sur les édentés ; tatous, fourmiliers, etc.

2° Sur les sarigues, les kanguroos et les autres marsupiaux ;

3° Sur l'ornithorhynque.

Résumé de la classification naturelle des Mammifères.

Indication des caractères extérieurs à l'aide desquels on peut reconnaître les ordres et les principaux genres.

2° BOTANIQUE.

Etude des principaux organes qui constituent les végétaux.

Cette année est consacrée à l'examen des parties du végétal qui servent à son accroissement et à sa nutrition, et à l'étude de la fleur, de la reproduction et du fruit.

Les élèves ayant déjà, dans l'année préparatoire, observé la germination de quelques plantes, on reprend cet examen, non pas au point de vue des phénomènes chimiques de la germination, mais seulement en considérant le développement apparent des parties.

On arrive ainsi immédiatement à la distinction de la racine, de la tige et des feuilles, et à la division des dicotylédones et des monocotylédones.

On montre aux élèves la différence dans le degré de ramification des racines et le double rôle qu'elles jouent comme organe d'absorption et comme réservoir de matière nutritive. — Développement obtenu par la culture ; comparaison de la carotte et de la betterave sauvages aux variétés cultivées.

Partie du sol où s'étendent les racines ; action épuisante très-diverse.

Durée des racines.

Racines adventives.

La tige se distingue, dès la germination, de la racine par sa direction ascendante et, parce qu'elle porte des feuilles, soit complétement développées, soit à l'état rudimentaire. On en montre de nombreux exemples, dans lesquels on voit les feuilles se réduire à des écailles, tandis que la racine n'en porte jamais d'aucune sorte.

La tige exige, pour qu'on comprenne son rôle dans la vie de la plante et ses modifications utiles au point de vue de la culture, qu'on examine sa structure intérieure avec plus de détail: moelle, zone ligneuse, zone corticale. Distinction facile à saisir sur les tiges ligneuses à grosse moelle: sureau, marronnier, noyer, etc., et sur les tiges herbacées un peu charnues, surtout au moment de l'accroissement, où l'écorce se sépare facilement du bois.

Ces parties étant distinguées par leurs propriétés physiques, on doit chercher à se rendre compte de ces différences par la structure des organes élémentaires qui les constituent. Sans approfondir ces questions, sur lesquelles on reviendra à la fin de l'enseignement, on doit montrer les cellules qui forment le parenchyme renfermant la fécule, l'huile, le sucre, etc.;

Les fibres ligneuses ou corticales, qui constituent le bois et les fibres textiles de l'écorce;

Les vaisseaux qui forment des canaux continus qu'on aperçoit facilement dans certaines tiges (vigne), les trachées déroulables qui frappent l'attention des jeunes élèves.

On peut alors leur montrer immédiatement la différence de proportion de ces divers tissus, suivant la nature et la destination des tiges ou des racines;

Le tissu cellulaire très-développé dans les plantes herbacées et dans les tiges souterraines; les fibres ligneuses, dans les arbres, auxquels elles donnent leur solidité;

Les fibres corticales, flexibles et résistantes, très-distinctes dans le chanvre, le lin, l'ortie, etc.;

Les vaisseaux très-développés et très-apparents dans les lianes ou plantes grimpantes vivaces: vigne, clématite, aristoloche grimpante, etc.

Différence de structure des tiges de plantes monocotylédones, en prenant pour exemple l'asperge, le lis, la fritillaire, etc.

Leur montrer à cette occasion une coupe de tige de palmier comparée à celle du chêne.

Après avoir donné cette idée de la constitution interne de la tige, on montre, les exemples à la main, que, dans certaines plantes, la tige se détruit aussitôt après la fructification (plantes annuelles ou bisannuelles);

Que, dans d'autres, la partie inférieure, souvent souterraine, persiste pour reproduire de nouvelles tiges annuelles. Plantes herbacées vivaces. — Différence de cette partie souterraine. Réservoir de matière alimentaire pour la plante; parenchyme cellulaire très-développé. — Fécule, inuline souvent accrues par la culture et utilisées par l'homme. — Exemples : le topinambour, la pomme de terre, l'iris.

Destruction, dans ces plantes, des parties anciennes de la tige et de la racine. — Racines adventives.

Mode de développement des racines adventives.

Montrer leur développement à la base des tiges du maïs, des céréales, de l'asphodèle.

Bulbes ou oignons. — Tiges souterraines avec base de feuilles.

Pomme de terre. — Rameaux souterrains devenus charnus et féculents.

Développement des parties souterraines, racines ou tubercules, favorisé par le buttage.

La tige ligneuse persistante des arbustes et des arbres donnera lieu à une autre étude, celle de l'accroissement de ces tiges.

Formation des nouvelles couches ligneuses et corticales.

Moelle des rameaux remplie de fécule.

Bois composés de fibres ligneuses et de vaisseaux pour le transport de la séve, et de parenchyme ligneux se remplissant de fécule pour la nutrition des nouvelles pousses.

Bois plus ou moins denses, durs et résistants. Ecorce fibreuse à l'intérieur, liber flexible, cordes de tilleul, d'orme, etc.

Parenchyme cortical s'accroissant ou se déchirant. — Couche subéreuse. — Liége.

Des tiges ou des rameaux de sureau, de marronnier, de chêne, de tilleul, d'orme, de vigne servent à ces démonstrations.

Les feuilles sont examinées très-sommairement, quant à leur mode d'origine sur la tige et quant à leur forme. — Feuilles opposées ou alternes, simples ou composées.

On s'attache à faire comprendre aux élèves, par des exemples bien choisis, la structure de ces organes destinés à mettre les tissus de la plante en rapport avec l'air atmosphérique.

Nervures; prolongation du tissu fibreux et vasculaire de la tige.

Parenchyme spongieux en occupant les intervalles, avec lacunes dans lesquelles l'air peut pénétrer.

Epiderme plus ou moins épais et résistant, percé d'ouvertures ou stomates par lesquelles l'air pénètre dans les lacunes du parenchyme.

Démonstration fondée sur l'examen des feuilles de diverse nature appartenant à des plantes vulgaires.

Feuilles grasses de sédum ou sempervivum.

Feuilles de lis, de choux, etc.

Feuilles d'arbres.

Plantes aquatiques, feuilles sans épiderme par suite de leur position submergée.

Modification des formes et de la dimension des feuilles dans une même plante.

Développement des rameaux et des feuilles. — Bourgeons; leur origine, leur position, leur nature, écailles qui les protégent. — Stipules.

Taille des arbres.

Moyens de multiplication par les organes de végétation. — Diverses sortes de marcottes et boutures.

Greffes, leurs principes et leurs modifications essentielles.

Conservation des variétés individuelles par ces modes de multiplication.

Organes reproducteurs de la plante constituant la fleur.

Organes essentiels, pistils et étamines, —peuvent former la fleur à eux seuls.

Ordinairement entourés d'organes protecteurs, ou enveloppes florales. Calice et corolle.

Principales modifications de ces organes; — importantes pour la classification. — Nombre et disposition, soudure, régularité, irrégularité.

Étamines ; leur position et leur structure. Pollen; son organisation.

Pistils; structure essentielle d'un pistil simple. Modification des pistils composés.

Ovule; sa constitution et ses principales modifications.

Fécondation. — Transport du pollen sur le stigmate; — circonstances qui s'y opposent ; leur importance dans la culture. — Coulage de la vigne ; des blés, etc.

Développement de l'ovule ; sa transformation en graine; formation des divers tissus de la graine; position et structure de l'embryon.

Fruit; ses principales modifications dépendent de la structure primitive du pistil, des avortements et du développement des divers tissus de l'ovaire.

Fruits secs déhiscents, indéhiscents. — Fruits charnus.

Graine mûre; tégument; ses poils. — Coton, sa comparaison avec les aigrettes de diverses plantes.

Périsperme ou albumen ; diverses natures de ce tissu; son rôle pendant la germination.

Embryon; disposition et proportion de ses diverses parties.

Réservoirs divers de matière nutritive pour la jeune plante.

3° GÉOLOGIE.

Cette première année du cours régulier de géologie sera employée à l'étude de la contrée qui environne l'école dans une étendue plus ou moins grande, suivant la variété du sol et les facilités d'exploration.

Dans un pays dont le sol présente des formations variées qui peuvent exercer l'élève aux observations diverses et lui donner déjà des notions assez étendues, l'étude de la contrée, dans un rayon de dix à douze kilomètres, suffit pour beaucoup voir et beaucoup apprendre.

Si la nature du sol est très-uniforme, il faut etendre les excurtions plus loin, ou donner des notions sur les terrains plus éloignés au moyen d'échantillons, de coupes et de cartes.

Mais, dans tous les cas, il faut, dans cette première année faire voir le plus possible aux élèves *sur place*, en complétant cet examen sur les lieux par l'étude, et la détermination de la nature des roches, des minéraux et des fossiles recueillis par eux.

On doit les amener ainsi à bien connaître les formations qui les environnent, leur montrer comment on peut reconnaître leur ordre de superposition, leurs différences de stratification, si elle est régulière, la nature des corps organisés fossiles qu'elles peuvent renfermer et les déductions qu'on peut en tirer.

Les terrains superficiels, qui contribuent à former le sol végétal et qui sont souvent le résultat de transports plus ou moins anciens, ne doivent pas être négligés.

Si la contrée présente une uniformité peu favorable aux études géologiques, on tâche d'étendre les recherches des élèves aux régions les plus voisines, en leur montrant les rapports des terrains de ces contrées avec ceux qu'ils voient autour d'eux.

En un mot, leurs études de cette première année d'enseignement régulier ont pour objet la géologie locale sur une surface plus ou moins étendue.

On conçoit que cette étude suppose des courses assez nombreuses, dirigées par le professeur lui-même, qui ne peut, dans ce cas, être bien suppléé par d'autres, à moins que ce ne soit par d'anciens élèves ayant déjà l'expérience des observations.

Les élèves doivent être exercés à recueillir eux-mêmes des échantillons bien choisis et bien caractérisés, à prendre des notes et croquis sur la disposition des roches et des couches qu'ils examinent.

Ces observations personnelles les mettront à même, dans les années suivantes, de comprendre, d'après des échantillons et des dessins, ce qui aura rapport à des pays et à des terrains qu'ils ne pourront pas observer sur place eux-mêmes.

HISTOIRE NATURELLE

ZOOLOGIE

CHAPITRE PREMIER

NOTIONS SUR LA STRUCTURE ET LES USAGES DES PRINCIPAUX ORGANES DU LAPIN

Nous supposons que les élèves, sous les yeux de leur professeur, vont faire l'examen rapide, mais très-instructif, de l'un des animaux domestiques qu'il est le plus facile de se procurer, l'examen d'un Lapin. A défaut de lapin, un écureuil, un chien, un rat nous fourniraient les mêmes enseignements.

L'animal est mort depuis peu de temps; nous le plaçons sur une table, après avoir enlevé la peau garnie de poils qui gênerait nos recherches. Nous avons devant nous un cadavre dépouillé; il s'agit de mettre successivement à nu les organes essentiels de la vie. Nous emploierons comme instruments de forts ciseaux, des pinces, des canifs bien affilés ou des scalpels.

Les organes essentiels ou *viscères* se trouvent enfermés

dans trois cavités, le ventre ou abdomen, la poitrine ou thorax, et le crâne. Nous ouvrirons d'abord l'abdomen, par des incisions faites avec ménagement, de manière à relever comme un tablier l'enveloppe très-mince, mais très-solide, faite d'une substance analogue à la chair et qui ferme antérieurement cette cavité. Avant de rien déranger à l'intérieur, remarquons avec quel art tous les organes abdominaux sont disposés les uns relativement aux autres, de telle sorte qu'il n'y a aucun vide, et, par suite, aucune confusion, aucun dérangement possible. Ce premier

Fig. 1. — Écureuil.

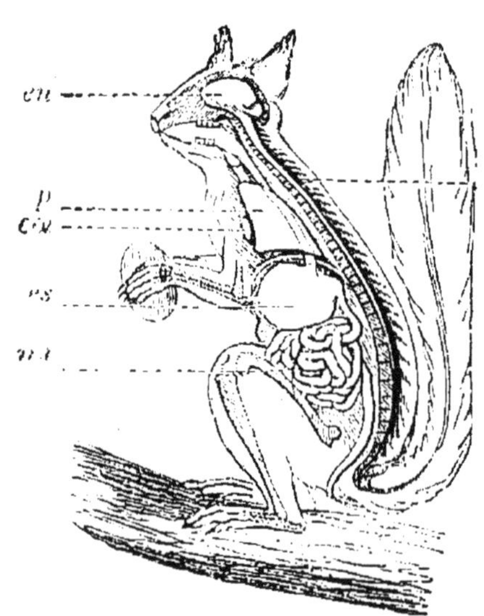

Fig. 2. — Écureuil ouvert (1).

coup d'œil donné, reconnaissons successivement chaque organe. Voici d'abord une poche membraneuse qui est l'*estomac*. Cette poche communique d'un côté avec un tube qui remonte à travers la poitrine, et qui est l'*œsophage;* de l'autre, avec un second tube, enroulé bien des fois sur lui-même, atteignant vingt-cinq ou trente fois la longueur du corps chez le lapin, et remplissant les deux tiers de la cavité abdominale; ce second tube est l'*intestin*. Il ne faut

1. Fig. 2. — Section d'un Écureuil suivant la ligne médiane du corps. — *cv*, coupe de la colonne vertébrale, contenant la moelle épinière et terminée par l'encéphale *en*. — *p*, poumon. — *cœ*, cœur. — *es*, estomac. — *mi*, masse intestinale.

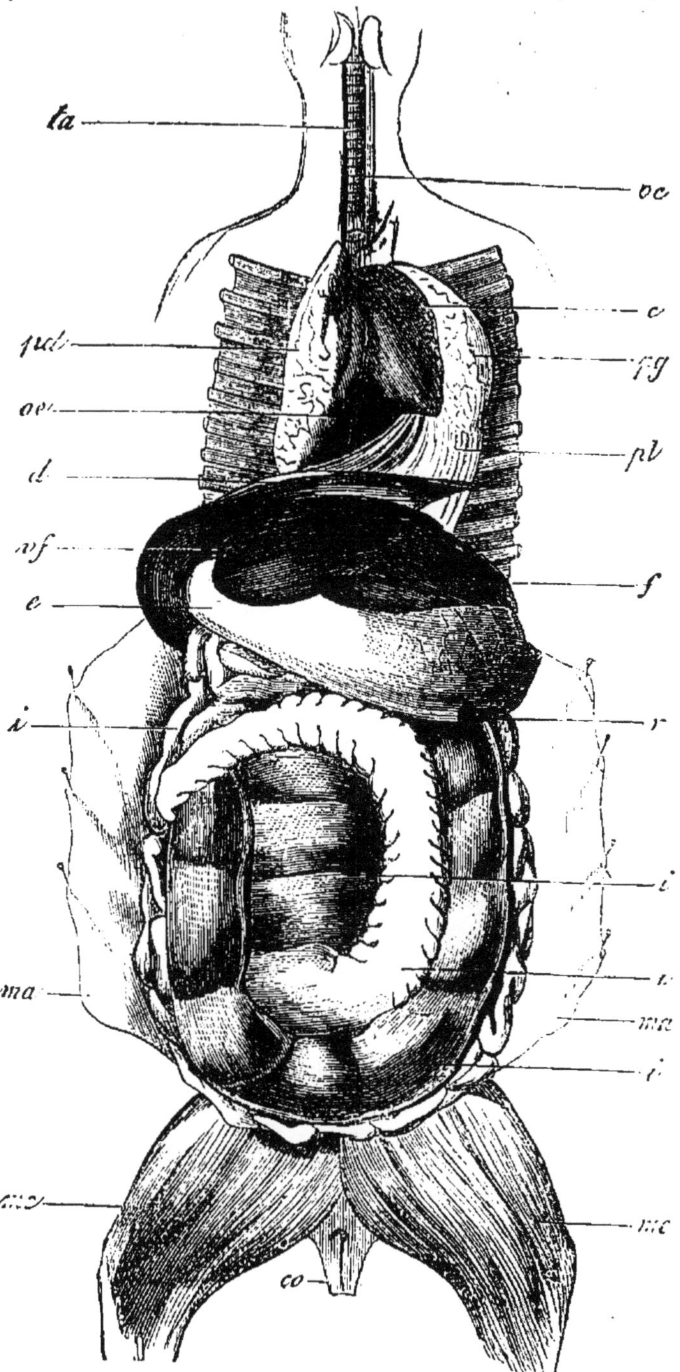

Fig. 3. — Lapin ouvert pour montrer les organes thoraciques et abdominaux. — *ta*, trachée-artère. — *œ*, œsophage. — *c*, cœur. — *pg*, poumon gauche. — *pa*, poumon droit. — *pl*, plèvre. — *d*, diaphragme. — *f*, foie. — *vf*, vésicule du fiel. — *e*, estomac. — *r*, rate. — *i*, intestins. — *ma*, muscles abdominaux — *mc*. muscles de la cuisse. — *co*, origine de la queue.

pas chercher à suivre l'intestin dans toute son étendue; nous ne saurions le faire qu'en divisant la toile mince et transparente qui le maintient et l'empêche de s'embrouiller; nous couperions des vaisseaux, des membranes; le sang se répandrait; les matières intestinales s'extravaseraient. Rien ne serait plus distinct.

A droite et en avant de l'estomac, tout en haut de l'abdomen, nous voyons un volumineux organe rouge, offrant quelque analogie de forme avec le chapeau d'un champignon. Cet organe, partagé en plusieurs segments ou lobes,

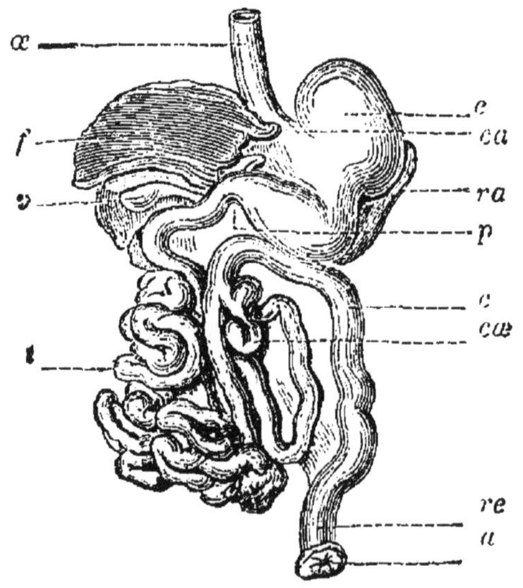

Fig. 4. — Appareil digestif du Chien. [1]

est le *foie*. De l'autre côté de l'estomac, à gauche, par conséquent, et en dessous, se trouve une languette aplatie, de couleur rougeâtre, qui est la *rate*. Enfin, toujours en arrière et un peu plus bas que l'estomac, nous mettons à découvert, en soulevant les intestins, les deux *reins* ou

[1] Fig. 4. — Appareil digestif d'un Chien, extrait du corps de l'animal. — *œ*, œsophage. — *e*, estomac. — *ca*, cardia. — *p*, pylore. — *i*, intestin grêle. — *cœ*, cœcum. — *c*, côlon. — *re*, rectum. — *a*, anus. — *f*, foie. — *v*, vésicule biliaire. — *ra*, rate. — On voit dans cette figure les intestins unis par une membrane qui est le *mésentère*.

rognons, reconnaissables à leur forme, qui rappelle celle d'un haricot. Chacun des rognons, par un tube allongé d'un très-petit diamètre, communique avec une poche membraneuse, la *vessie*, laquelle occupe, au-dessous des intestins, la partie inférieure et antérieure de l'abdomen.

Passons maintenant à cette seconde cavité que ferment en avant les côtes, et qu'une membrane mince et charnue, nommée *diaphragme*, sépare de l'abdomen.

Pour bien étudier les organes contenus dans la poitrine, il faut préalablement, à l'aide de forts ciseaux, couper les côtes à droite et à gauche, aussi près que possible de leur jonction avec l'épine dorsale, de manière à découvrir complétement la cavité thoracique. Cette cavité nous offrira moins de complication que la cavité abdominale. A droite et à gauche, se montrent tout d'abord deux organes de texture spongieuse, de couleur rosée, les *poumons;* au milieu et en avant, avec une certaine inclinaison vers la gauche, une poche charnue, d'une forme bien connue, le *cœur*. De chacun des poumons part un conduit coriace; la réunion des deux conduits en un tube unique constitue le canal aérien ou *trachée-artère*, lequel remonte le long du cou pour s'ouvrir au fond de la bouche, suivi dans son parcours par le prolongement tubuleux de l'estomac que nous avons désigné sous le nom d'*œsophage*. Le cœur est suspendu à de gros tuyaux, de couleur plus ou moins rouge ou bleuâtre, qui forment les uns le point de départ, les autres la terminaison de la circulation du sang.

Il nous reste à ouvrir la cavité cranienne. Nous emploierons pour cela un marteau, et nous frapperons circulairement avec précaution sur les os qui enveloppent cette boîte, de manière à en détacher, comme une sorte de calotte, la portion supérieure. Ce travail exécuté, nous retirons de la boîte une masse pulpeuse, de couleur extérieurement blanchâtre, et dont la forme se moule sur la cavité qui la renferme. Cette masse est l'*encéphale;* on y distingue une portion antérieure, qui est le *cerveau*, et une portion postérieure, d'aspect notablement différent, qui est le *cervelet*. Ces deux portions se relient à un pédoncule commun, nommé *moelle allongée*. La moelle allongée sort du crâne par une ouverture pratiquée à la base de cette cavité; elle se continue, en prenant le nom de *moelle épinière*, à travers un canal qui règne tout le long d'une série de petits os dont l'ensemble constitue la *colonne vertébrale*.

Indépendamment des viscères contenus dans les trois cavités mentionnées tout à l'heure, l'étude de notre Lapin nous fournirait encore bien des objets intéressants. Nous avons déjà rencontré des parties dures, des *os*. Sur ces os s'appliquait la *chair*, remplissant les intervalles et complétant les enveloppes formées autour des organes essentiels. Si des régions du corps que l'on appelle le tronc et la tête, nous passons aux membres, nous y trouverons encore des os et de la chair, les os occupant le centre, la chair entourant les os et se partageant en des sortes de faisceaux sensiblement distincts, dont la partie moyenne est rougeâtre et dont les extrémités sont d'un blanc nacré. Ces faisceaux sont les *muscles;* leur partie rougeâtre est la *viande;* leur partie nacrée forme les *tendons*. D'un autre côté, avec un peu d'attention, nous apercevrons partout, disséminés dans les organes, des tubes membraneux, diminutifs des gros tubes auxquels est suspendu le cœur. Ces tubes sont les *vaisseaux* destinés au passage du sang. Avec un peu plus d'attention, nous découvrirons partout aussi des filaments blanchâtres, sans grande consistance; ces filaments, qui tirent leur origine première de l'encéphale ou de la moelle épinière, sont les *nerfs*.

Dans l'examen rapide que nous venons de faire, nous avons acquis un premier ensemble de connaissances; nous pouvons désormais nous rendre compte de la situation relative, de la forme et de la structure apparente de la plupart des organes qui constituent le corps du Lapin; nous avons fait, bien grossièrement il est vrai, l'*anatomie* de cet animal. Mais quelles sont les fonctions des différents organes? comment chacun d'eux concourt-il pour sa part à l'accomplissement des actes dont l'ensemble représente la vie? Il y aurait là l'objet d'une nouvelle étude, rentrant dans le domaine d'une science dont l'anatomie est le point de départ et que l'on appelle *physiologie.* Actuellement, contentons-nous de rattacher à ce que nous savons déjà de ces organes des notions très-sommaires sur leurs usages.

L'*estomac* reçoit par l'œsophage les aliments qui ont subi, dans la bouche, une première élaboration; il les emmagasine, et modifie certains de leurs éléments par l'action chimique d'un suc acide que ses parois produisent. L'*intestin grêle* continue l'estomac, et les aliments, en le parcourant, se modifient encore, sous l'influence de divers liquides. Le *gros intestin* n'est qu'un dernier réservoir où les résidus alimentaires séjournent avant leur expulsion.

Les *reins* sont les lieux de formation de l'urine. Les boissons que nous absorbons passent d'abord dans le sang, par une sorte d'infiltration à travers les membranes de l'estomac et du canal digestif. Le sang, en traversant les reins, dépose dans ces organes l'excès d'eau qu'il renfermait, ainsi que certaines matières que nous retrouvons dans l'urine. L'urine, une fois formée, se rend dans la *vessie* qui lui sert de réservoir.

Le *cœur* est le centre de la circulation du sang. Ce sont ses contractions qui entretiennent le mouvement de ce liquide. Les *poumons* sont le siége de la respiration; ils reçoivent dans leurs innombrables cellules l'air introduit par la trachée-artère. D'un autre côté, le cœur pousse incessamment le sang à travers les vaisseaux déliés des poumons. Le sang se régénère au contact de l'air; puis il retourne au cœur, pour être distribué dans toute l'organisation. Cette distribution se fait par l'intermédiaire des vaisseaux que nous avons rencontrés en si grand nombre à la surface et dans la substance même des tissus.

La masse pulpeuse contenue dans la cavité du crâne, et que nous avons désignée sous le nom d'*encéphale,* exerce les fonctions les plus étendues et les plus essentielles : elle est le siége de la volonté, du mouvement, de la sensibilité; les diverses facultés de l'animal s'y concentrent. Les filaments que nous avons désignés sous le nom de *nerfs* mettent toutes les parties de l'organisation en rapport d'influence avec l'encéphale.

Les os, considérés dans leur ensemble, forment le *squelette*, c'est-à-dire la charpente solide du corps; ils fournissent des enveloppes protectrices aux organes les plus importants; d'un autre côté, ils représentent dans la mécanique animale, c'est-à-dire pour l'exécution des mouvements, de véritables leviers, sur lesquels les muscles agissent comme des sortes de cordes, sous l'influence de forces qui émanent du système nerveux.

CHAPITRE II

CARACTÈRES DES TROIS RÈGNES. — NOTIONS SUR LA CLASSIFICATION ET LA NOMENCLATURE

L'**Histoire naturelle** comprend l'étude et la connaissance des différents corps répandus à la surface de l'écorce terrestre ou qui constituent la masse même du globe.

Ces corps se distribuent en trois grandes catégories ou *règnes :* le *règne animal*, le *règne végétal* et le *règne minéral.* On peut résumer ainsi d'une manière générale les caractères distinctifs des trois règnes :

Les *minéraux* sont des corps bruts, privés de la vie, du mouvement et du sentiment;

Les *végétaux* sont des corps organisés, doués de la vie, mais privés du sentiment et du mouvement spontané;

Les *animaux* sont des corps organisés, doués de la vie, du mouvement spontané et du sentiment.

Ce qui fait immédiatement des minéraux ou corps bruts une catégorie à part, c'est l'absence d'organes. Le mot *organe* signifie instrument; en effet, chez les corps organisés, chaque organe ou partie distincte est une espèce d'instrument qui remplit une fonction déterminée dans l'existence et la conservation de l'individu. Chez les corps bruts, les différentes parties dont la réunion forme la masse n'exercent sur l'ensemble aucune action individuelle, et, en dehors des lois générales qui régissent la matière, demeurent éternellement étrangères les unes aux autres. Relativement à l'origine, à l'accroissement, à la durée, à la forme, à la structure, etc., d'autres différences presque aussi fondamentales séparent les corps bruts des corps organisés. Nous ne pouvons mieux faire, à cet égard, que de reproduire le tableau tracé par l'immortel Cuvier : [1]

« Un corps *inorganique* ou *brut*, tel qu'une pierre, etc., est formé de molécules qui n'ont entre elles d'autres rapports que ceux de cohérence et d'adhésion, qui ne forment point un tout commun. On peut le séparer en fragments qui seront tous de même nature que le corps entier.

« Les corps bruts ne se *forment* que par les réunions de molécules conformes aux lois de la chimie, n'*augmentent* que par de nouvelles molécules qui viennent se poser contre les premières, et ne se *détruisent* que lorsque les molécules qui les composent sont séparées et dispersées.

« Un *corps organisé*, comme une *plante*, un *animal*, est composé d'un tissu de solides qui contiennent des fluides en mouvement. Toutes ces parties ont une action réciproque les unes sur les autres, et concourent à un but commun qui est l'entretien de la vie.

« Les corps organisés *naissent* de corps semblables à eux, dont ils font d'abord partie, pour s'en séparer à des époques et dans des circonstances déterminées.

« Ils *croissent* en attirant sans cesse, par une force qui leur est propre, de nouvelles molécules qui viennent s'interposer dans les intervalles de celles qui existaient déjà.

« Ils *meurent* lorsque, l'action de leurs solides et le mouvement de leurs fluides étant interrompus, les molécules qui les composent sont abandonnées à leurs propres forces, et agissent les unes sur les autres pour se combiner et former des corps bruts.

« A l'égard de la *structure*, les corps organisés varient à l'infini par le nombre de leurs fluides, les formes, la nature, les rapports de leurs solides. Nous verrons dans l'homme un exemple de l'organisation la plus parfaite et la plus compliquée, et nous suivrons dans les autres animaux les différents degrés par lesquels ils se rapprochent plus ou moins de la simplicité. »

[1] CUVIER (Georges), naturaliste français, né à Montbéliard, en 1769, mort à Paris, en 1832.

Il existe entre le règne animal et le règne végétal des différences beaucoup moins précises que celles qui viennent d'être indiquées comme séparant les corps bruts des corps organisés. On peut dire, comme nous l'avons fait tout à l'heure, que les animaux sentent leurs rapports avec le monde extérieur et qu'ils ont la faculté de modifier spontanément ces rapports, tandis que les végétaux sont privés du sentiment, aussi bien que du mouvement spontané. En même temps, il est incontestable que l'infériorité du règne végétal, sous le rapport de l'étendue des phénomènes et des manifestations de la vie, se traduit par une infériorité non moindre au point de vue du développement des organes. Toutefois, cette distinction ne reste d'une exactitude complète que lorsqu'on prend comme termes de comparaison les animaux supérieurs. Si l'on considère des types beaucoup moins parfaits, on est étonné de voir s'effacer peu à peu, et même, enfin, disparaître la ligne de démarcation si nettement tracée par la théorie entre les deux règnes organiques. Il serait, peut-être, bien difficile de démontrer par quels points la sensibilité de l'éponge l'emporte sur celle de la sensitive. Quelles ne sont pas, d'un autre côté, les perplexités des naturalistes quand il s'agit de classer les espèces infiniment petites dont le microscope nous a révélé l'existence! Admettons, avec Linné [1], que la nature ne fait pas de sauts brusques et qu'elle procède toujours dans ses œuvres par des transitions insensibles; grand et fécond principe qui domine en même temps qu'il éclaire toute l'étude des êtres organisés.

L'étude de l'Histoire naturelle, réduite même à une seule de ses branches, serait actuellement tout à fait impossible si l'on n'avait pas su, dès le principe, établir un certain ordre au milieu de cette immense confusion. Tel a été le but des *classifications*.

Les classifications représentent des sortes de catalogues, dans lesquels les différents objets sont rangés sous des

[1] Linné (Charles), naturaliste suédois, né en 1707, mort en 1778.

titres généraux qui en facilitent la recherche. On peut ainsi déterminer la place qui appartient à chaque animal dans l'ensemble du règne, presque aussi facilement que l'on peut, dans une bibliothèque méthodiquement rangée, retrouver la place qui appartient à chaque volume. De plus, lorsque les classifications sont bien faites, il résulte déjà de cette distribution quantité de renseignements utiles sur tout ce qui concerne chaque individu. Par exemple, dire que le Chien est un animal vertébré, mammifère, carnivore, digitigrade, c'est nous dire qu'il est pourvu d'un squelette intérieur, d'un système nerveux cérébro-spinal, qu'il donne naissance à des petits vivants, qu'il allaite ses petits, qu'il est couvert de poils, qu'il a trois sortes de dents, quatre membres, les pouces non opposables aux autres doigts, ces doigts terminés par des ongles, sur l'extrémité desquels il marche, etc.

On distingue dans l'Histoire naturelle deux sortes de classifications, celles que l'on appelle *artificielles* et celles que l'on appelle *naturelles*. Les premières tendent surtout à faciliter nos recherches, lorsqu'il s'agit de déterminer la place qui appartient à un objet nouveau ou de trouver un nom que l'on ignore. Elles reposent sur des caractères très-saillants et empruntés aux formes extérieures. Elles se préoccupent exclusivement de ces caractères, lesquels peuvent être choisis parmi ceux qui ont le moins d'importance réelle. On les nomme souvent *Systèmes*, par opposition aux classifications naturelles, pour lesquelles on réserve le nom de *Méthodes*. Celles-ci groupent ensemble les espèces que la nature a faites le plus semblables par l'organisation. Il en résulte des divisions très-rationnelles et dont l'étude devient extrêmement facile, puisque la connaissance d'une seule espèce nous donne celle de toutes les espèces qui composent le même groupe.

Pour la Botanique, le système de Linné fournit l'exemple d'une classification artificielle, et la méthode de Jussieu celui d'une classification naturelle. Dans l'étude du règne animal, on suit généralement, en France, une classification dont Linné avait jeté les premières bases, que

Cuvier a développée avec toute la puissance de son génie, et que les naturalistes modernes ont perfectionnée, en modifiant plusieurs de ses dispositions. Le principe fondamental de la classification de Cuvier est celui de la *subordination des caractères*. Ce savant attribuait à certaines fonctions et à certains organes une importance telle, qu'aucun changement ne pouvait s'y produire sans entraîner, en même temps, dans toute l'organisation les changements les plus considérables. Les caractères tirés de ces fonctions et de ces organes étaient donc, pour l'illustre naturaliste, des caractères dominant tous les autres, des caractères *dominateurs;* c'était de ceux-là qu'il tenait compte pour la formation des grandes divisions zoologiques. Les autres caractères étaient des caractères *subordonnés;* il ne les utilisait que pour la formation des groupes d'un ordre moins élevé.

Dans nos classifications actuelles, chaque règne se trouve partagé en un certain nombre de sections, généralement désignées sous le nom d'*embranchements;* chaque embranchement comprend lui-même un certain nombre de *classes;* les classes se subdivisent en *ordres;* les ordres en *familles;* celles-ci en *tribus;* enfin, les tribus en *genres*, qui ne sont eux-mêmes que des réunions d'*espèces*. L'espèce étant le point de départ de toute classification, il est utile de bien préciser la valeur de cette expression. C'est, d'après Cuvier, *une réunion d'individus descendus l'un de l'autre ou de parents communs, et d'individus qui leur ressemblent autant qu'ils se ressemblent entre eux.*

En même temps qu'on a classé les innombrables espèces dont se composent le règne animal et le règne végétal, on a dû leur assigner des noms, établir une *nomenclature*. L'enfance de la nomenclature serait de donner à chaque espèce un nom tout à fait particulier. Il faudrait alors, rien que pour le règne animal, peut-être deux cent cinquante mille appellations différentes : l'étude de la nomenclature suffirait seule à remplir la vie d'un savant. Linné a proposé, pour simplifier le langage, un système de nomenclature binaire aujourd'hui presque universellement adopté. Pour désigner, dans ce système, chaque groupe primordial, ou *espèce*, on emploie le nom du groupe de second ordre ou *genre* dont il fait partie, en y joignant un second mot qui est généralement un adjectif. Ainsi, toutes les espèces du genre Ours portent le nom collectif d'ours; mais l'ours brun, l'ours blanc, l'ours noir, etc., constituent autant d'espèces différentes. On donne habituellement, dans les descriptions, les noms latins des animaux, parce que le latin est resté jusqu'à présent la langue scientifique commune des nations européennes. Il suffit de désigner un animal par son nom latin pour que les savants de tous les pays sachent immédiatement quelle est l'espèce dont on veut parler; ce qui n'arriverait peut-être pas si l'on se servait du nom vulgaire. Tel insecte, en France seulement, porte, suivant les provinces, dix noms différents. Il en est de même pour une multitude de plantes. L'emploi d'une désignation latine épargne l'obligation de réunir, dans les catalogues, tous les noms les uns à côté des autres.

CHAPITRE III

CARACTÈRES DISTINCTIFS DES QUATRE EMBRANCHEMENTS DU RÈGNE ANIMAL

Le règne animal a été partagé en quatre *embranchements.* Pour fixer les idées relativement aux caractères qui sont particuliers à chacun de ces groupes, nous les représenterons par quatre espèces, dans chacune desquelles on peut retrouver exactement une sorte de type reproduit, pour les détails essentiels, par les animaux du même groupe. Ces espèces types seront : le *Chien*, l'*Écrevisse*, le *Limaçon* et l'*Étoile de mer*.

Le *Chien* présente une charpente intérieure osseuse ana-

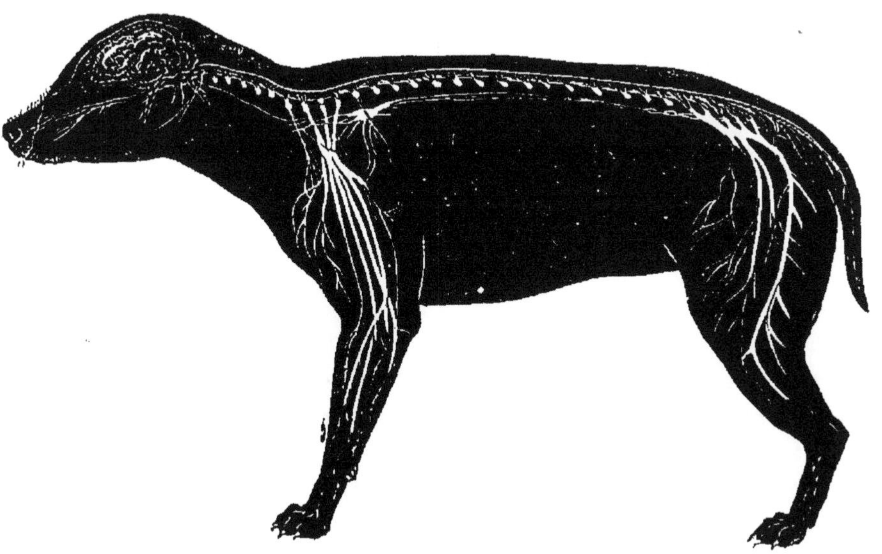

Fig. 5. — Système nerveux du Chien.

logue à celle que nous avons rencontrée dans notre examen du Lapin. Cette charpente est recouverte par les muscles.

La boîte du crâne renferme une masse volumineuse, constituée par une matière analogue à la cervelle que nous mangeons. Dans le reste du corps, à part quelques petits renflements, toujours peu considérables relativement au volume de la masse qui remplit le crâne, cette même matière ne se montre plus que sous forme de cordons très-déliés. Enfin, l'ensemble du corps est symétrique, c'est-à-dire qu'une ligne allant d'une extrémité à l'autre, suivant la ligne médiane, le partage en deux moitiés, et laisse, à droite et à gauche, des parties exactement semblables.

Chez l'*Écrevisse*, le corps est symétrique, à la vérité; mais il n'existe plus de charpente intérieure; c'est la peau durcie qui remplit les diverses fonctions de cette charpente. D'un autre côté, la masse de matière nerveuse

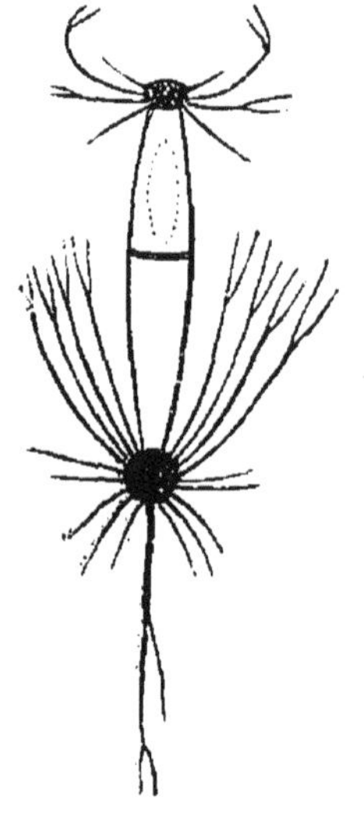

Fig. 6.
Système nerveux de l'Écrevisse.

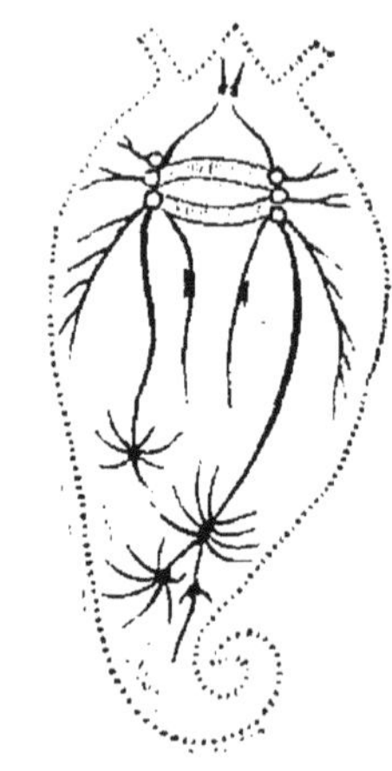

Fig. 7.
Système nerveux du Limaçon.

qui, chez le chien, se trouvait concentrée dans le crâne, est répartie, chez l'écrevisse, en différentes petites masses, plus ou moins distantes les unes des autres.

Chez le *Limaçon*, le corps est toujours sensiblement symétrique; mais il n'a ni charpente intérieure formée par les os, ni charpente extérieure formée par la peau;

l'animal trouve sa protection dans une coquille. La masse nerveuse, si nous pouvions la suivre dans sa répartition, se montrerait, comme chez l'écrevisse, divisée en plusieurs petits noyaux ou ganglions.

Chez l'*Étoile de mer*, les différentes parties du corps sont disposées circulairement autour d'un point central. On n'y trouve ni squelette intérieur, ni squelette extérieur ; cependant, la peau est suffisamment coriace pour maintenir la forme générale de l'animal. Le peu qu'il existe de matière nerveuse est distribué de la même façon circulaire.

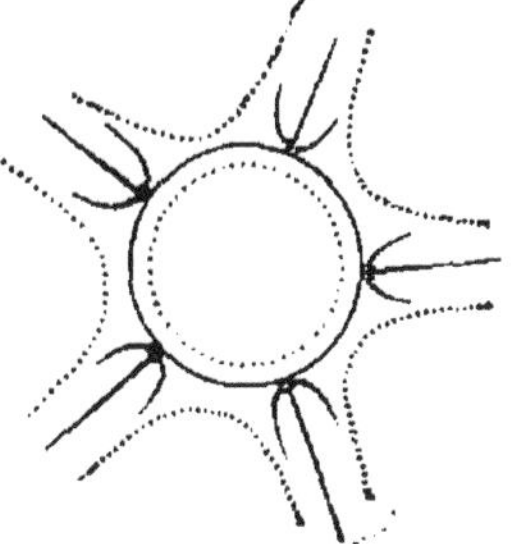

Fig. 8.—Système nerveux de l'Étoile de mer.

Nous nous sommes arrêté à ce petit nombre de caractères différentiels, afin de pouvoir les retrouver exactement chez les animaux qui se groupent autour de chacun des quatre types représentés par le chien, l'écrevisse, le limaçon, l'étoile de mer. En effet, prenons un lézard, une grenouille, une carpe, nous y retrouvons les caractères que nous avons signalés à propos du chien : un corps symétrique, une charpente intérieure, un système nerveux centralisé ; par conséquent, tous ces animaux appartiennent à un même embranchement.

Prenons maintenant un hanneton ou un crabe, une araignée, un mille-pieds, un ver de terre, nous y retrouvons les caractères les plus saillants de l'écrevisse : la symétrie du corps, l'absence de squelette intérieur, l'existence d'une enveloppe plus ou moins durcie, remplissant les fonctions du squelette, la répartition de la matière nerveuse en noyaux ou ganglions qui tendent à former une série longitudinale, d'une extrémité à l'autre du corps, en même temps que le corps même tend à se partager en un certain nombre de segments plus ou moins similaires : donc, tous ces animaux appartiennent à un même embranchement.

Si nous habitons l'intérieur des terres, il nous sera difficile de trouver un grand nombre d'animaux susceptibles de se rattacher au type fourni par le limaçon. Cependant, le raisonnement que nous venons de faire tout à l'heure s'appliquerait parfaitement à la limace, si voisine du limaçon, et à quelques espèces qui habitent les eaux douces, comme les planorbes et les lymnées. Sur les bords de la mer, au contraire, nous aurions, dans les sèches, les poulpes et les innombrables variétés de coquillages, d'intéressants objets de comparaison avec le limaçon. Les méduses, d'un autre côté, et les oursins nous feraient retrouver le type offert par l'étoile de mer, type qui n'a point d'analogue parmi les espèces terrestres, et dont les eaux douces ne renferment que des représentants microscopiques.

Nous avons vu que l'existence d'une charpente inté-

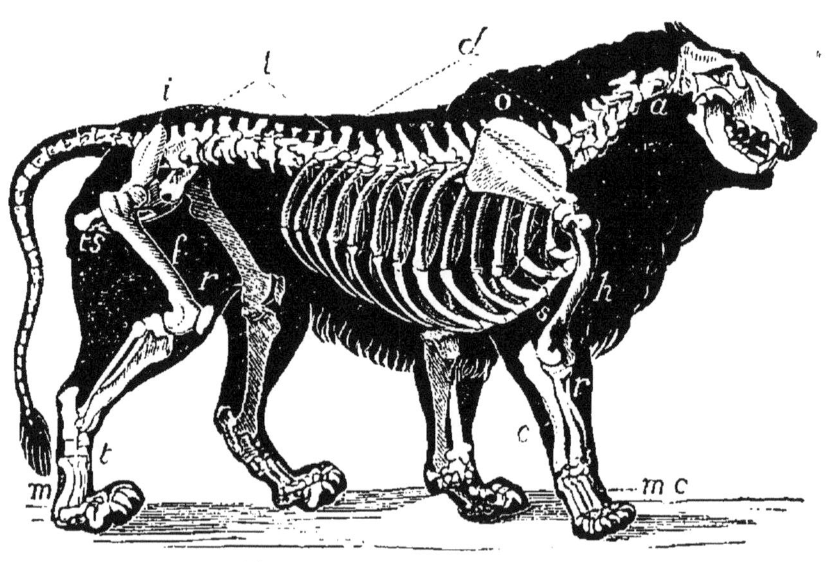

Fig. 9. — Squelette du Lion [1]

rieure était un des caractères les plus essentiels des animaux qui se rapprochent du premier type, et que l'on a

[1] Fig. 9. — *a*, première vertèbre cervicale. — *d*, vertèbres dorsales. — *l*, vertèbres lombaires. — *o*, omoplate. — *h*, humérus. — *r*, radius. — *c*, cubitus. — *mc*, métacarpe. — *i*, os iliaques. — *ts*, partie postérieure des mêmes os. — *f*, fémur. — *r*, rotule. — *t*, tarse. — *m*, métatarse. — *s*, sternum.

groupés sous le nom d'animaux *vertébrés*. Cette charpente est formée par un ensemble de pièces solides, se rattachant toutes les unes aux autres. On peut considérer comme la clef de cette charpente une série de petites pièces soudées ensemble, et qui occupent la ligne médiane du corps. Ces pièces sont désignées sous le nom de *vertèbres*. L'ensemble des vertèbres constitue, nous l'avons dit, ce qu'on appelle la *colonne vertébrale*. L'une des extrémités de la colonne vertébrale est libre : c'est la charpente de la queue ; l'autre se continue avec un système de pièces solides, considérées par quelques savants comme des vertèbres modifiées et qui forment la tête. Dans la tête, on distingue un *crâne* et une *face*.

A la colonne vertébrale, chez le plus grand nombre des espèces, sont rattachées latéralement des tiges courbes et aplaties, nommées *côtes*, lesquelles se relient en avant à une pièce, de forme allongée, située sur la ligne médiane, le *sternum* ; il en résulte une sorte de cage à jour que l'on appelle *thorax*.

A cette même colonne vertébrale se rattachent habituellement des appendices solides qui forment la charpente des membres. Certains vertébrés sont complétement dépourvus d'appendices de cette espèce et, par conséquent, de membres ; d'autres ont deux membres seulement, d'autres, enfin, quatre ; mais ce dernier nombre n'est jamais dépassé.

Jusqu'à présent, nous avons cherché à établir pour chaque groupe un certain nombre de caractères communs, susceptibles de réunir les animaux appartenant à la même catégorie. Il nous faut maintenant, par une opération contraire, chercher pour les animaux d'un même groupe des caractères différentiels qui nous permettent d'établir des subdivisions. L'embranchement des vertébrés se compose de cinq classes ; prenons, dans chacune de ces classes, un animal qui puisse en représenter le type, soit : un chat, un moineau, un lézard, une grenouille et une carpe.

Les téguments mêmes du corps vont nous fournir immédiatement le point de départ d'une distinction bien tranchée entre ces différents animaux. Le chat est couvert de poils, le moineau de plumes; le lézard et la carpe sont couverts d'écailles; la grenouille a la peau nue. Les plumes et les poils sont des sortes de vêtements naturels, destinés à conserver la chaleur propre de l'animal; ils sont particuliers aux espèces chez lesquelles existe une température intérieure indépendante des vicissitudes atmosphériques; ces animaux prennent le nom d'animaux à *sang chaud*. On désigne sous le nom d'animaux à *sang froid* les espèces chez lesquelles la température intérieure est, à peu de chose près, la même que la température des milieux environnants. Ces dernières espèces n'ont pas besoin de vêtements naturels, comme les premières. Le chat, le moineau sont des animaux à sang chaud; le lézard, la grenouille, la carpe sont des animaux à sang froid.

La diversité des téguments se rattache à certaines modifications très-importantes de l'organisation. Les vertébrés pourvus de poils appartiennent tous à la classe des mammifères; ceux qui ont des plumes appartiennent tous à la classe des oiseaux. Les vertébrés dont la peau est couverte d'écailles ou bien dont la peau est nue appartiennent soit à la classe des reptiles, soit à la classe des poissons, soit à celle des batraciens. Sans entrer dans des détailsd'organisation intérieure, nous pouvons dire que le genre de respiration et le genre de vie suffiraient déjà pour caractériser assez nettement les espèces appartenant à ces trois dernières classes. En effet, les reptiles, que leur existence soit terrestre ou aquatique, respirent tous l'air atmosphérique; les poissons vivent dans l'eau et respirent dans l'eau; les batraciens, après avoir vécu et respiré dans l'eau comme les poissons, finissent très-généralement par respirer l'air atmosphérique comme les reptiles, et leur existence tantôt devient terrestre, tantôt reste aquatique.

La peau est une enveloppe protectrice, qui limite extérieurement le corps et le sépare du monde ambiant. On y distingue deux couches : l'une, épaisse et située profondément, le *derme;* l'autre, mince et superficielle, l'*épiderme*. Entre les deux, se trouve généralement une matière grenue qui donne à la peau sa coloration. L'épiderme est un simple vernis exsudé par le derme. Le derme est une substance fibreuse, dont on peut retirer du cuir par le tannage, et de la colle-forte ou gélatine par la coction dans l'eau bouillante. Au-dessous du derme, entre cuir et chair, comme on dit, existe un tissu graisseux, très-développé chez les animaux à sang chaud qui doivent vivre dans un milieu très-froid, les phoques, les baleines, par exemple. La graisse conduit mal la chaleur; elle empêche, par conséquent, la chaleur développée intérieurement de se perdre au dehors.

Les poils se forment dans de petites cavités de la peau et tirent leur origine d'un bulbe producteur. Les ongles des animaux carnassiers, les sabots des chevaux ne sont autre chose que des agglomérations de poils; il en est de même des cornes des ruminants. Les piquants des hérissons et des porcs-épics, les plaques singulières qui recouvrent plus ou moins complétement le corps des tatous et des pangolins ne sont autre chose encore que des agglomérations de poils.

Les plumes des oiseaux se forment dans des capsules dont nous retrouvons les vestiges, sous forme de lambeaux bleuâtres, à la base des plumes des volailles. Les écailles des reptiles sont une dépendance de l'épiderme ; elles sont, comme cette couche, susceptibles de se renouveler à certaines époques. Les écailles des poissons appartiennent au derme, c'est-à-dire à la portion profonde de la peau.

CHAPITRE IV

CARACTÈRES ET DIVISIONS DE LA CLASSE DES MAMMIFÈRES

Nous venons de parler tout à l'heure d'un groupe d'animaux vertébrés dont la peau est garnie de poils. Ces animaux ont été désignés, dans certaines classifications, sous le nom de *Pilifères* ou porte-poils; on les désigne plus ordinairement aujourd'hui sous le nom de *Mammifères* ou porte-mamelles. En effet, ils ont tous besoin, pendant le jeune âge, d'une nourriture particulière qui est le lait, liquide produit par les mamelles. Cette nécessité entraîne à sa suite un certain nombre de modifications organiques très-considérables, et il est incontestable que l'existence des mamelles a beaucoup plus d'importance que celle des poils. L'étude comparative de la structure des animaux a pu faire établir comme une loi que les caractères sont d'autant plus constants qu'ils ont plus d'importance; cette loi nous autorise donc à présumer que l'existence des mamelles doit être plus générale que celle des poils, chez les animaux qui appartiennent au groupe naturel dont il est actuellement question, et que le nom de mammifères est pour eux plus convenable que celui de pilifères. La baleine nous offre l'exemple d'un animal dépourvu de poils, mais pourvu de mamelles et se rattachant par ce caractère, comme par une infinité d'autres, au groupe des animaux pilifères, dont il s'écarte au premier abord par sa peau nue.

Tous les mammifères ont besoin d'une respiration très-puissante. Il faut qu'ils respirent l'air en nature, et ils ne peuvent se contenter de la petite quantité de ce fluide qui se trouve en dissolution dans l'eau. Les poumons sont les organes à l'aide desquels s'exerce chez eux cette respiration aérienne; nous ajouterons ce caractère de l'existence de poumons à ceux dont l'ensemble permet de constater immédiatement qu'un animal appartient ou n'appartient pas à la classe des mammifères. Nous dirons, pour nous résumer, que ces vertébrés ont très-généralement la peau couverte de poils; que leur respiration est aérienne et s'effectue par des poumons; que les femelles sont pourvues de mamelles, qu'elles allaitent leurs petits. Nous ne pouvons insister ici sur d'autres caractères qui nécessiteraient certaines notions physiologiques, la nature de la circulation, par exemple.

CLASSIFICATION.

La classification des Mammifères a pour base le mode de gestation des petits, le nombre des membres et la disposition de leurs extrémités, enfin, les modifications que subit le système dentaire. Le tableau suivant présente les caractères des divisions ainsi formées, et qui sont au nombre de treize.

1° **Bimanes.** — Mammifères terrestres, à gestation normale, c'est-à-dire donnant naissance à des petits complétement développés[1], sans os marsupiaux[2], à quatre membres onguiculés [3], à dentition complète [4], pourvus de mains aux extrémités supérieures seulement.

Exemple : l'*Homme*.

2° **Quadrumanes.** — Mammifères terrestres, à gestation normale, sans os marsupiaux, à quatre membres onguiculés, à dentition complète, pourvus de mains aux extrémités inférieures, quelquefois aux quatre extrémités.

[1] On appelle *monodelphes*, les mammifères à gestation normale; *didelphes*, ceux dont la gestation est anomale, c'est-à-dire ceux qui donnent naissance à des petits incomplétement développés.

[2] Les os *marsupiaux* sont des os placés en avant du bassin et qui n'existent que dans les deux derniers ordres de la classe des Mammifères.

[3] Les animaux *onguiculés* sont ceux dont les ongles ne recouvrent qu'incomplétement l'extrémité des doigts; les *ongulés* sont ceux dont les doigts sont enveloppés complétement à leur extrémité par des ongles très-étendus ou *sabots*.

[4] La dentition est *complète* lorsque les mâchoires portent, comme dans l'espèce humaine, trois sortes de dents; dans le cas contraire, elle est *incomplète*.

Exemples : l'*Orang-Outang*, le *Gorille*, le *Magot*, la *Guenon*, le *Sapajou*, l'*Ouistiti*, le *Maki*.

3° **Chéiroptères.** — Mammifères terrestres, à gestation normale, sans os marsupiaux, à quatre membres onguiculés, à dentition complète, dépourvus de mains ; les membres antérieurs organisés pour le vol.

Exemples : la *Chauve-Souris*, le *Vampire*.

4° **Insectivores.** — Mammifères terrestres, à gestation normale, sans os marsupiaux, à quatre membres onguiculés, à dentition complète, dépourvus de mains ; membres organisés pour marcher ou fouir ; molaires hérissées de pointes coniques ; régime insectivore.

Exemples : le *Hérisson*, la *Taupe*, la *Musaraigne*.

5° **Carnivores.** — Mammifères terrestres, à gestation normale, sans os marsupiaux, à quatre membres onguiculés, à dentition complète, dépourvus de mains ; membres organisés pour la marche ; molaires tranchantes ; régime carnivore.

Exemples : l'*Ours*, le *Lion*, le *Chat*, le *Chien*, l'*Hyène*, la *Fouine*.

6° **Rongeurs.** — Mammifères terrestres, à gestation normale, sans os marsupiaux, à quatre membres onguiculés, à dentition incomplète ; jamais de dents canines ; des incisives taillées en biseau à chaque mâchoire.

Exemples : le *Lapin*, l'*Écureuil*, le *Castor*, le *Rat*.

7° **Édentés.** — Mammifères terrestres, à gestation normale, sans os marsupiaux, à quatre membres onguiculés, à dentition incomplète ; jamais d'incisives, quelquefois même pas de canines ; certaines espèces manquent tout à fait de dents.

Exemples : le *Paresseux*, le *Tatou*, le *Fourmilier*.

8° **Ruminants.** — Mammifères terrestres, à gestation normale, sans os marsupiaux, à quatre membres ongulés ; estomac quadruple ; rumination.

Exemples : le *Bœuf*, le *Mouton*, le *Chameau*, la *Girafe*, le *Cerf*.

9° **Pachydermes.** — Mammifères terrestres, à gestation normale, sans os marsupiaux, à quatre membres ongulés; point de rumination ; estomac simple.

Exemples : l'*Éléphant*, le *Cochon*, le *Cheval.*

10° **Amphibies.** — Mammifères aquatiques, à gestation normale, sans os marsupiaux, à quatre membres disposés pour la nage ; corps effilé en pointe et se terminant par une queue courte, le long de laquelle sont accolés les membres abdominaux convertis en nageoires ; tous les doigts palmés.

Exemples : le *Phoque,* le *Morse.*

11° **Cétacés.** — Mammifères aquatiques, à gestation normale, sans os marsupiaux ; deux membres seulement, les membres antérieurs convertis en nageoires; queue en forme de nageoire horizontale ; aspect général du corps rappelant celui des poissons.

Exemples : le *Dauphin*, le *Marsouin*, la *Baleine.*

12° **Marsupiaux.** — Mammifères terrestres, à gestation anomale, pourvus d'os marsupiaux, soutenant en général une poche mammaire[1] ; pas de cloaque.

Exemples : le *Kangourou*, le *Sarigue.*

13° **Monotrèmes.** — Mammifères terrestres, à gestation anomale, pourvus d'os marsupiaux, sans poche mammaire; intestin et conduits urinaires s'ouvrant dans un cloaque[2].

Exemples : l'*Ornithorhynque*, l'*Échidné.*

On peut présenter ce tableau sous une autre forme, plus propre à mettre en relief les caractères qui séparent ou rapprochent les différents ordres.

1 La *poche mammaire* est une poche placée sous le ventre et qui entoure les mamelles ; elle est destinée à contenir les petits. Ceux-ci naissent dans un état d'imperfection qui les oblige à rester pendant un certain temps fixés aux mamelles de la mère.

2 Le *cloaque* est un renflement qui, chez les Monotrèmes comme chez les Oiseaux, forme l'extrémité du gros intestin, et dans lequel débouchent les conduits urinaires.

DIVISION DES MAMMIFÈRES EN ORDRES.

MAMMIFÈRES.

- **Monodelphes** ; gestation normale ; pas d'os marsupiaux...
  - animaux quatre membres
    - **terrestres** ; membres postérieurs destinés à poser sur le sol......
      - pieds onguiculés
        - dentition complète.
          - des mains
            - aux extrémités antérieures seulement. — **Bimanes.** — *Homme.*
            - aux quatre extrémités.............. — Quadrumanes. — *Guenon.*
          - pas de mains.
            - membres antérieurs convertis en ailes.. — Chéiroptères. — *Chauve-Souris*
            - membres conformés pour marcher ou fouir.
              - molaires hérissées... — Insectivores. — *Taupe.*
              - molaires tranchantes — Carnivores. — *Lion.*
        - dentition incomplète..........
          - des incisives ; pas de canines...... — Rongeurs. — *Rat.*
          - jamais d'incisives; parfois pas de dents. — Édentés. — *Tatou.*
      - pieds ongulés...
        - estomac quadruple ; rumination.............................. — Ruminants. — *Bœuf.*
        - estomac simple ; pas de rumination.................... — Pachydermes. — *Cheval.*
    - aquatiques; corps pisciforme dans sa partie postérieure............................ — Amphibies. — *Phoque.*
  - deux membres, les antérieurs, convertis en nageoires ; corps entièrement pisciforme......... — Cétacés. — *Baleine.*
- **Didelphes** gestation anomale ; des os marsupiaux.
  - une poche mamaire ; pas de cloaque.................................. — Marsupiaux. — *Sarigue.*
  - un cloaque ; pas de poche mammaire.. — **Monotrèmes.** — *Échidné*

CHAPITRE V

ESPÈCE HUMAINE

La classification adoptée par Cuvier fait de l'espèce humaine un ordre distinct, l'ordre des *Bimanes*, placé en tête de la classe des Mammifères, et présentant les caractères suivants :

Station droite et perpendiculaire ; corps soutenu par les membres inférieurs.

Épaules munies d'une clavicule ; extrémités supérieures terminées par des organes propres au toucher et à la préhension, et possédant un pouce opposable aux autres doigts.

Dents, au nombre de trente-deux, d'égale longueur et sans intervalle entre elles.

Peau lisse ; point d'armes naturelles, offensives ou défensives. Coccyx court et recourbé.

Seul parmi tous les êtres, l'homme a été fait pour se tenir debout. Ses membres inférieurs ont été façonnés pour supporter le poids du corps tout entier, et l'on ne sait ce que l'on doit le plus admirer, ou de l'arrangement des leviers entre eux, ou de la force relative donnée aux muscles qui doivent les mouvoir. A l'état de repos, tous ces leviers se trouvent placés dans un même axe, et l'homme n'a d'autre force musculaire à développer que celle qui est nécessaire pour les y maintenir. Le pied est plat, large ; toutes ses parties sont solidement liées entre elles, et il représente une base à laquelle contribuent le talon, le bord externe, la plante et les doigts. Cette base, enfin, s'articule à angle droit avec la jambe, ce qui permet de la poser tout entière sur le plan qui la supporte. Les surfaces d'articulation sont étendues ; les muscles fléchisseurs de la jambe sont exclusivement groupés sur le

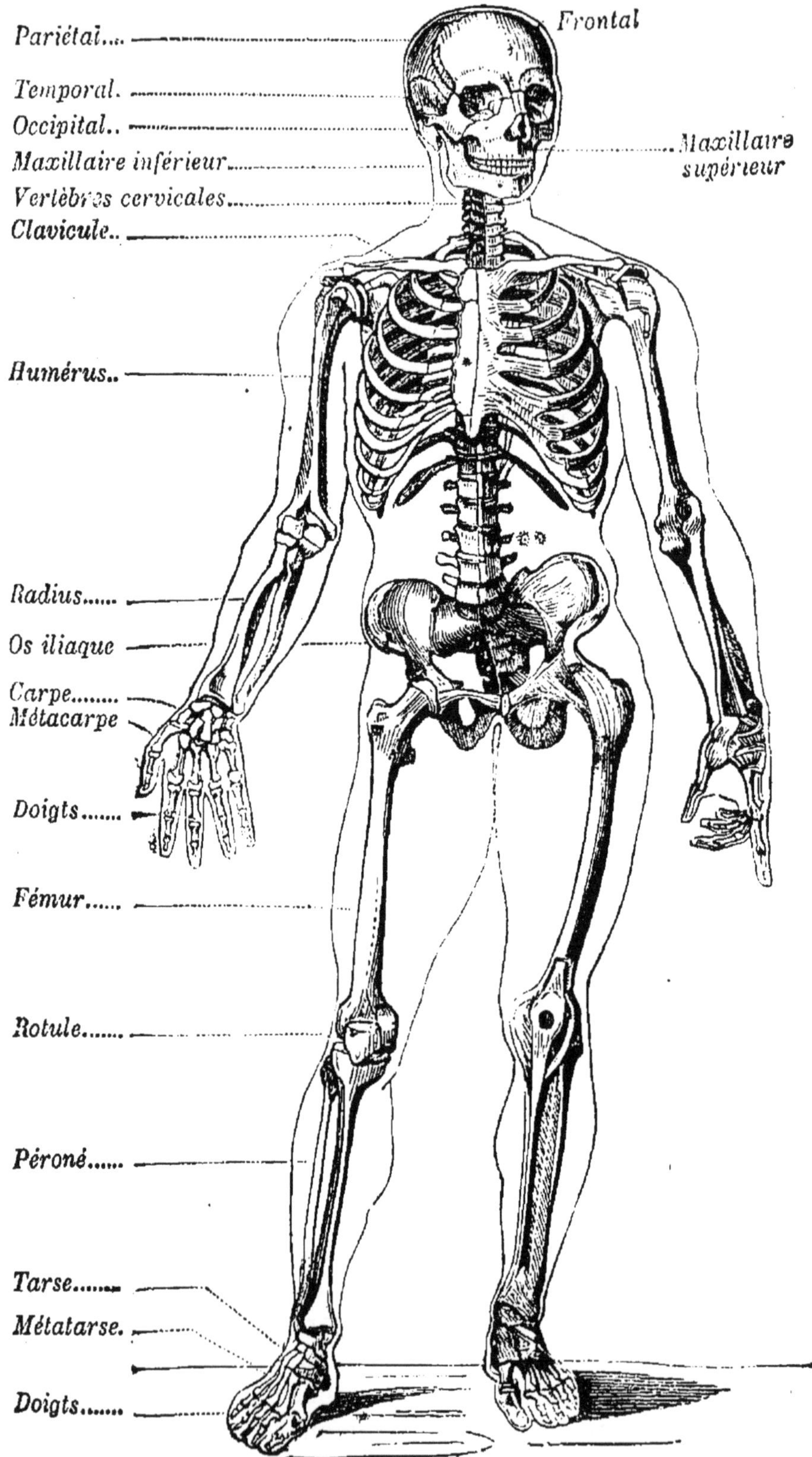

Fig. 10. — Squelette humain.

(Le côté gauche présente, indépendamment des os, les parties ligamenteuses.)

fémur ; de là résultent la liberté et la mobilité du genou. Le bassin est vaste, et ses muscles, qui ont pour fonction, pendant le repos, de conserver le corps dans le plan des deux axes des membres inférieurs, sont les plus puissants et les plus avantageusement disposés de tout le corps. Le tronc est aplati ; les muscles dorsaux sont développés. La tête, portée à l'extrémité d'un axe vertical, s'y maintient à peu près en équilibre. Enfin, la situation du trou occipital en dessous de la tête est dans un rapport intime avec le grand développement du cerveau et du crâne, la position antérieure des yeux, la brièveté de la face.

D'un autre côté, les membres supérieurs sont tout à fait impropres à la locomotion, et semblent mis exclusivement au service de l'intelligence. On ne rencontre que dans notre espèce des différences aussi tranchées entre les attributions des membres supérieurs et inférieurs.

La population du globe a été partagée par les naturalistes en un certain nombre de groupes, que l'on appelle *races* ou *variétés humaines*. Cette séparation repose principalement sur l'examen des caractères physiques et sur l'étude comparative des mœurs et des langues.

Parmi les caractères physiques, les plus importants sont fournis par la structure du crâne et de la face, et par le degré d'ouverture de l'*angle facial*.

L'angle facial s'obtient en menant deux lignes droites, l'une du conduit auditif à la base du nez, l'autre de l'avance du front à la partie la plus proéminente de la mâchoire supérieure. Cet angle est d'autant plus ouvert que la partie antérieure du front est plus développée, et, en même temps, que les mâchoires sont moins saillantes. Comme il existe un rapport constant entre le développement de la portion antérieure du crâne et celui de la masse cérébrale, comme un cerveau volumineux correspond généralement aussi à une extension plus grande des facultés intellectuelles, on peut, par l'examen de l'angle facial, déterminer avec quelque précision le degré d'intelligence des différentes races humaines ; on peut, en même temps, établir une sorte de comparaison entre elles et les animaux qui se rapprochent le plus de notre espèce. On a construit ainsi, pour l'espèce humaine, une sorte d'échelle progressive, dont la race à laquelle nous appartenons occupe le sommet.

Dans la race blanche, l'angle facial est en moyenne de

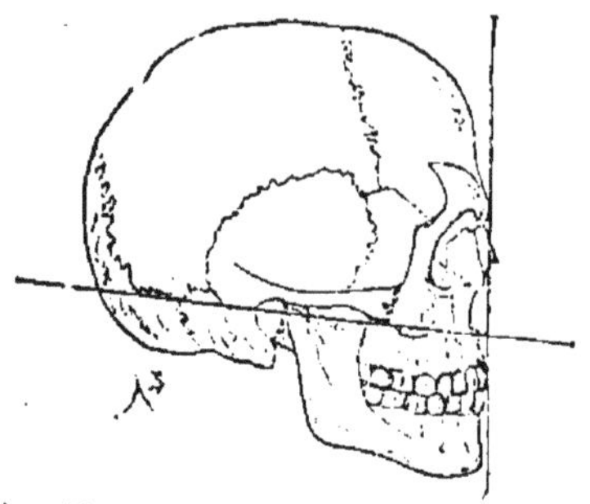

Fig. 11. — Angle facial d'un Européen.

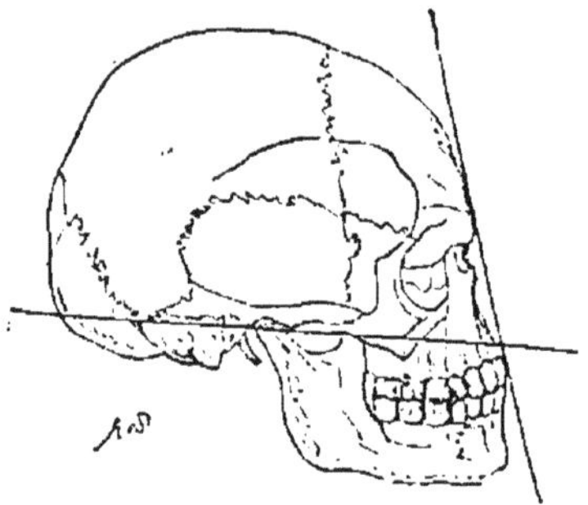

Fig. 12. — Angle facial d'un nègre.

80 à 85 degrés ; quelques individus dépassent même l'ouverture de l'angle droit. Les anciens avaient parfaitement saisi la valeur de ce caractère, et ils l'exagéraient souvent dans les statues de leurs divinités; on trouve près de 95 degrés dans l'Apollon du Belvédère, près de 100 dans le Jupiter Olympien. Chez les nègres, l'angle facial est, en moyenne, de 65 à 70 degrés; chez quelques misérables peuplades africaines, il descend jusqu'à 64 degrés, c'est-à-dire un peu plus bas que chez les singes saïmiris, dont l'angle facial égale 65 degrés, et presque aussi bas que chez les orangs-outangs, dont l'angle facial, pendant la première période de la vie, atteint 63 degrés, bien que, plus tard, il ne soit plus que de 35. L'angle facial des magots ne dépasse pas 45 à 50 degrés. Chez le cheval et le porc, l'angle est de 11 degrés ; il est de 16 à 17, chez le bœuf; de 25 à 26, chez le mouton et la chèvre ; de 26 à 30, chez le chien; de 30 à 36, chez le chat.

Parmi les races humaines, trois sont éminemment distinctes ; ce sont : la race caucasique ou blanche, la race mongolique ou jaune, et la race éthiopique ou noire.

« La race *caucasique* a reçu son nom, parce que les traditions en ont placé le berceau dans les montagnes du Caucase, d'où, par les migrations, elle s'est répandue, en rayonnant, à la surface du globe. C'est d'un de ses rameaux, qui s'est arrêté sur nos contrées, que descendent probablement tous les Européens ; les autres, s'étant dirigés dans divers sens, s'étendirent sur toute la région occidentale de l'Asie et dans la partie septentrionale de l'Afrique ; ils donnèrent principalement naissance aux Chaldéens, aux Hébreux, aux Phéniciens, aux Arabes, aux Persans, aux Scythes, aux Indiens et, probablement, aux Egyptiens. La race caucasique se distingue par la beauté de l'ovale que forme sa tête, par la saillie de son front et l'ouverture de son angle facial, qui est d'environ 80 degrés, ainsi que par la teinte blanche ou fort peu colorée de sa peau.

« La race *mongolique* paraît avoir pris naissance dans les monts Altaï, d'où elle s'est répandue dans l'Asie centrale et orientale et dans les îles qui l'avoisinent. Les Tartares Mandchoux, les Chinois, les Japonais en sont les principales irradiations ; peut-être, aussi, les Lapons, les Groenlandais, les Esquimaux en sont-ils des produits abâtardis par la rigueur du climat qu'ils habitent. Cette race se reconnaît à la forte saillie que font les pommettes des joues, à son angle facial d'environ 75 degrés, à l'obliquité de ses yeux plus ouverts, à la couleur jaune ou olivâtre de son teint, ainsi qu'à ses cheveux, qui sont noirs et droits.

« La race *éthiopique* habite l'Afrique, au midi de l'Atlas. Elle se distingue des autres à la couleur noire ou très-foncée de sa peau, au peu d'ouverture de son angle facial, qui n'offre guère plus de 60 degrés, puis à ses lèvres grosses et saillantes, ainsi qu'à l'aplatissement de son nez et aux cheveux crépus qui couvrent sa tête.

« Les peuples de l'Amérique et de l'Australie offrent quelques particularités qui font que l'on est encore indécis sur leur classement. Blumenbach faisait une race particulière des premiers ; mais d'autres savants les rapprochent de la race caucasique, et les habitants de la Nouvelle-Hollande sont regardés par quelques naturalistes comme descendant de la race éthiopique. » POUCHET.

CHAPITRE VI

MAMMIFÈRES QUADRUMANES

Les *Quadrumanes* sont, parmi tous les animaux, ceux qui ressemblent le plus à l'homme. Ils doivent leur nom à cette circonstance que, dans un certain nombre d'espèces, les quatre membres sont terminés par des mains pourvues d'un pouce opposable. Mais, chez beaucoup d'entre eux, les extrémités postérieures seules sont pourvues de mains, et le nom de quadrumanes cesse d'être applicable. En général, le bassin étroit de ces animaux, leurs genoux lâchement articulés, leurs talons peu saillants, les muscles trop faibles de leurs cuisses et de leurs jambes ne leur permettent pas de se tenir debout aisément. La main, chez eux, est bien plus un organe de suspension qu'un organe de tact et de préhension. La plupart grimpent aux arbres avec une grande agilité, en empoignant les branches avec leurs quatre mains; quelques-uns même s'aident de leur queue, qui est *prenante*, c'est-à-dire susceptible de s'enrouler autour des objets. Les quadrumanes se nourrissent de matières végétales, fruits, jeunes pousses, racines, etc., auxquelles ils ajoutent parfois des coquillages, des insectes, de petits reptiles, des œufs d'oiseaux. On les a partagés scientifiquement en trois familles : les *Singes*, les *Ouistitis* et les *Makis*; mais, dans le langage habituel, on confond sous le nom collectif de *Singes* tous les animaux qui appartiennent à ce groupe de mammifères.

Les *Singes proprement dits* habitent, en général, les zones intertropicales; on les a partagés en singes de l'ancien continent et singes du nouveau continent. La différence d'habitation correspond, chez ces animaux, à des différences d'organisation assez considérables.

Les singes de l'ancien continent possèdent tous vingt dents molaires; beaucoup n'ont point de queue; lorsque la queue existe, elle n'est jamais susceptible de s'enrouler autour des objets; le siége est nu et garni d'une peau calleuse; la plupart possèdent des *abajoues*, c'est-à-dire des sortes de sacs pratiqués dans l'épaisseur des joues, aboutissant à la bouche, et servant de magasin pour les provisions. C'est parmi les singes de l'ancien continent que l'on trouve les espèces les plus grandes et, en même temps, les plus voisines de l'homme. Nous citerons le *Chimpanzé*, le *Gorille*, l'*Orang-Outang*, le *Gibbon* et le *Magot*.

Les deux premières espèces, c'est-à-dire les *Chimpanzés* et les *Gorilles*, habitent les grands bois marécageux de

Fig. 13. — Jeune Chimpanzé.

l'Afrique. Les voyageurs nous ont transmis des détails très-intéressants sur ces animaux, doués d'une force prodigieuse, et dont nous ne voyons jamais dans les ménageries que des spécimens très-jeunes et fatigués par la captivité. Les *Orangs* et les *Gibbons* habitent les forêts de l'Inde et de l'archipel Indien. Les *Magots* sont les seuls singes acclimatés en Europe à l'état de nature. Il en existe une petite colonie sur le rocher de Gibraltar.

Les Singes du nouveau continent possèdent vingt-quatre dents molaires ; tous ont une queue, et cette queue est généralement prenante ; leur siége est velu ; leur bouche est privée d'abajoues. Les principales espèces sont : les *Sapajous*, les *Alouattes*, les *Atèles*, les *Saïmiris*, les *Sakis*. Tous ces singes habitent le Brésil, le Paraguay, les Guyanes et une partie du Mexique ; les régions extrêmes du nouveau continent sont dépourvues de quadrumanes.

Il n'est pas inutile de faire remarquer à ce sujet que les

Fig. 14. — Sapajou.

espèces animales sont cantonnées géographiquement entre des limites plus ou moins étendues, suivant les conditions de leur organisation et les nécessités de leur régime. Si certaines espèces, comme les chiens, les chats, les cerfs et les écureuils, sont en quelque sorte cosmopolites et semblent s'accommoder de tous les climats, de toutes les températures, d'un autre côté, un grand nombre d'espèces ne s'écartent point d'une certaine circonscription parfois très-restreinte.

On appelle *Faune* d'une contrée l'ensemble des animaux qui s'y rencontrent. Si la contrée présente des conditions spéciales qui la distinguent des régions voisines au point de vue du climat, de la végétation, etc., sa faune présentera également un caractère spécial ; on y verra des espèces que les régions voisines ne possèdent point et qui, par contre, existent peut-être dans d'autres localités, situées à de grandes distances, mais où sont réunies les circonstances favorables à leur développement. Lorsqu'il s'agit de transporter une espèce utile d'un pays où elle vivait naturellement dans un pays où elle était jusqu'à présent inconnue, lorsqu'il s'agit de l'*acclimater*, l'étude comparative des faunes nous fournit le moyen le plus assuré de reconnaître si cette espèce trouvera dans sa nouvelle patrie des conditions d'existence analogues à celle que lui fournissait la terre natale. L'exemple de nos plus anciens animaux domestiques montre, il est vrai, que les conditions d'existence d'une espèce peuvent se modifier au bout d'une longue suite d'années; mais il faut que les changements s'effectuent par une progression lente et presque insensible, et l'on ne peut guère attendre qu'un résultat désastreux, lorsque l'on transporte brusquement et sans préparation des animaux dans des régions tout à fait différentes de celles qu'ils habitaient originairement.

CHAPITRE VII

MAMMIFÈRES CARNIVORES

On a rangé dans l'ordre des *Carnivores* la plupart des mammifères qui se nourrissent plus ou moins exclusivement de chair, et dont l'organisation est en rapport avec les nécessités d'un semblable régime. Chez ces animaux, les doigts sont généralement terminés par des griffes acérées, les mâchoires sont armées de canines aiguës propres à pénétrer dans la chair, de molaires tranchantes propres à la dépecer. Cependant, chez un certain nombre, plusieurs molaires sont tuberculeuses, et cette disposition coïncide avec un régime dont la chair n'est plus l'élément indispensable.

D'après la conformation de l'extrémité des membres et le mode de progression qui en résulte, les Carnivores ont

Fig. 15. — Pied de l'Ours.

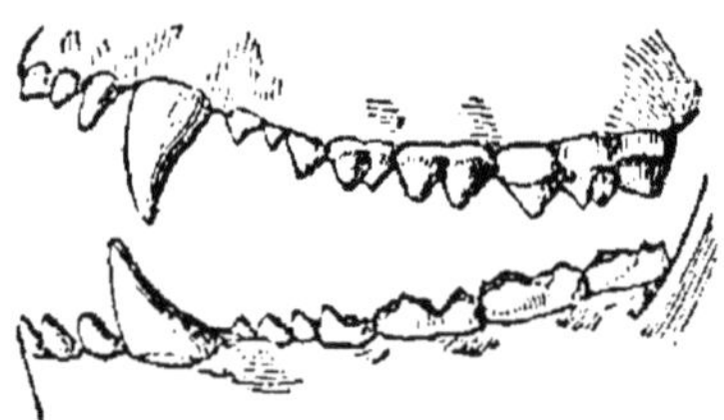

Fig. 16. — Dentition de l'Ours.

été partagés en deux tribus. Les uns, désignés sous le nom de *plantigrades*. marchent sur la plante du pied ils ont cette partie large, courte et, en même temps dénuée de poils ; leurs ongles sont moins aigus que ceux des autres carnivores ; leurs dents sont moins tranchantes; leurs habitudes sont moins exclusivement carnassières. On peut citer comme exemples les ours et les blaireaux.

La seconde tribu des carnivores comprend les espèces qui marchent sur l'extrémité des doigts, ou, en d'autres termes, les *digitigrades*. Ces animaux ont la plante des

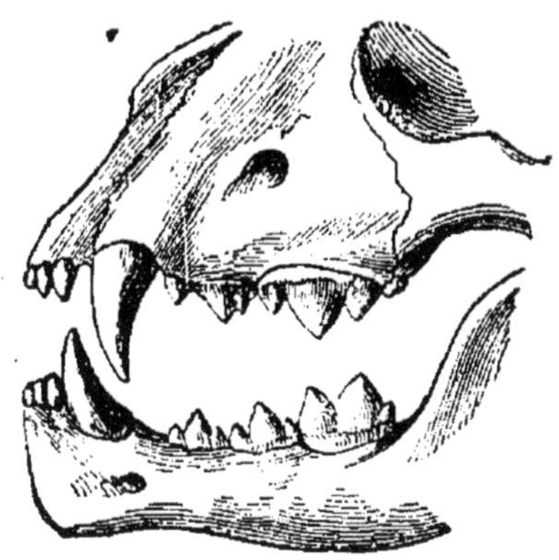

Fig. 17. — Dentition du Chat.

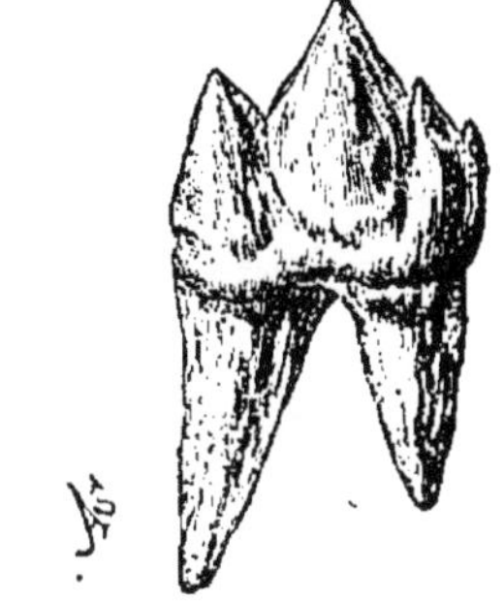

Fig. 18. — Molaire du Chat.

pieds relevée et revêtue de poils; ils sont beaucoup mieux armés que les plantigrades, et leurs instincts sont beaucoup plus sanguinaires. C'est à ce groupe qu'appartiennent les véritables *bêtes féroces* : les tigres, les lions, les panthères, les léopards, les loups, les hyènes, etc., aussi bien qu'un certain nombre d'espèces, grandes destructrices de petits animaux, et auxquelles il ne manque que la taille pour nous devenir redoutables : tels sont les putois, les furets, les belettes, les martres, les fouines, les loutres. Deux animaux domestiques, le chat et le chien, appartiennent également à la tribu des digitigrades.

TRIBU DES DIGITIGRADES.

Les *Putois* tirent leur nom de l'odeur infecte qu'ils exhalent. Ils vivent près des habitations, et s'établissent même dans les greniers à foin et dans les granges; de là, ils se glissent dans les basses-cours et les colombiers, mettent à mort les volailles, et emportent, en se retirant, tout ce qu'ils peuvent de leur butin. Dans la campagne, ils dévastent les garennes et détruisent les nids des perdrix, des alouettes, des cailles; il est bien difficile de venir à bout de ces voisins incommodes; ils sont très-défiants et se laissent rarement prendre aux piéges. Les putois sont très-abondants en Auvergne, dans les Vosges, dans les Pyrénées. Leur pelage est brun en dessus, fauve sur les côtés, avec le ventre

Fig. 19. — Putois.

jaunâtre et le museau blanc. C'est une fourrure douce et chaude, mais qui conserve toujours une odeur désagréable.

Les *Visons*, voisins des putois, sont communs au Canada et aux États-Unis; leur fourrure est recherchée.

Les *Furets*, originaires de l'Afrique, sont de taille un peu moindre, de couleur un peu moins foncée que les putois. Les chasseurs ont utilisé l'instinct de carnage de ces animaux; ils les lâchent bien muselés dans les terriers et forcent ainsi les lapins à sortir et à se jeter dans les filets qui garnissent l'entrée. Nous ne connaissons plus aujourd'hui les furets qu'à l'état domestique.

Les *Belettes* n'ont guère plus de vingt centimètres de longueur, c'est-à-dire la moitié des dimensions du putois. Elles sont, par cela même, bien moins nuisibles; les poules et les coqs n'ont rien à en craindre. Si, d'ailleurs, les belettes détruisent les poussins, quand elles en trouvent l'occasion, elles exterminent quantité de rats et de souris, qu'elles vont chercher jusque dans leurs trous. Cela explique pourquoi, dans certains pays, on protége ces animaux, bien loin de leur faire la guerre.

Les *Hermines*, un peu plus grandes que les belettes, leur ressemblent beaucoup par leur pelage d'été, qui est fauve. L'hiver, principalement dans les contrées septentrionales, le poil des hermines blanchit et donne une fourrure très-estimée. Leurs mœurs sont celles des belettes ; elles font une guerre acharnée aux rats, aux écureuils et aux autres petits animaux qui détruisent les récoltes. Les peaux d'hermine se reconnaissent au pinceau de poils noirs qui se trouve toujours à l'extrémité de la queue; les plus belles, c'est-à-dire celles dont le blanc est le plus pur, viennent de la Sibérie. On emploie souvent, en guise d'hermine, la peau de différents animaux à fourrure blanche, et l'on imite au moyen de pinceaux de crin les queues noires des véritables hermines.

On comprend sous le nom collectif de Martres : la *Martre vulgaire*, la *Fouine* et la *Martre zibeline*. — La *Martre vulgaire*, brune avec la gorge tachée de jaune en dessous, se trouve, en France, dans beaucoup de localités, particulièrement dans les bois de pins et de sapins. Elle vit de petits quadrupèdes et d'oiseaux. On utilise sa fourrure. — La *Fouine* est brune, comme la martre, mais avec la gorge et le devant du cou d'un blanc pur. Elle recherche le voisinage des habitations, et, bien qu'elle détruise les rats et les souris, les ravages qu'elle exerce dans les basses-cours la font considérer comme un des animaux les plus nuisibles à l'agriculture. Sa peau a de la valeur.—La *Zibeline* habite la Sibérie. Elle est célèbre par la beauté et la rareté de sa fourrure dont les poils, d'un brun-marron qui tire un peu sur le noir, sont d'une finesse extrême et se couchent sans effort dans les deux sens. C'est l'hiver, par un froid de 30 degrés au-dessous de zéro, que les habitants de la Sibérie se livrent à la poursuite des zibelines. La chasse est des plus périlleuses; il y périt chaque année un grand nombre de personnes.

Les *Loutres* se distinguent des espèces précédentes par leurs pieds palmés et leur queue aplatie horizontalement. Elles sont organisées pour une vie tout à fait aquatique, marchent difficilement, mais nagent avec une grande rapidité. Elles habitent les bords des rivières, des étangs, et détruisent une quantité énorme de poissons. La fourrure des loutres est brune en dessus, gris-blanchâtre en dessous; elle est assez douce et s'emploie pour la confection des casquettes. —Les *Loutres de mer*,

Fig. 20. — Loutre.

qui habitent la côte du Kamtchatka, et dont le poil est noir, fournissent une des fourrures les plus recherchées par les Chinois.

Les *Hyènes* vivent dans les climats chauds de l'ancien

Fig. 21. — Hyène.

continent. Elles sont douées d'une grande force musculaire; mais leur lâcheté ou leur inclination les porte à vivre de charogne et de chair putréfiée. On les rencontre souvent dans le voisinage des grandes cités; elles viennent, la nuit, fouiller les cimetières et déterrer les cadavres; en même temps, elles enlèvent les immondices des rues, comme font les chacals, et se rendent ainsi de quelque utilité. Du reste, elles ont peur de l'homme et ne l'attaquent que lorsqu'elles sont réduites aux dernières extrémités de la faim. Un caractère qui ne permet pas d'oublier les hyènes lorsqu'on les a vues une fois, c'est l'obliquité de leur démarche et la bizarrerie d'allure qui résulte chez elles de ce que le train de derrière est beaucoup plus court que celui de devant.—L'*Hyène rayée* a les poils longs et porte sur le dos une crinière flottante; sa couleur est gris-fauve, avec des zébrures noires. Elle habite l'Asie méridionale et le nord de l'Afrique. Sa taille ne dépasse guère un mètre.

« Le *Loup* est l'un des animaux dont l'appétit pour la chair

Fig. 22. — Loup.

est le plus véhément, et quoique, avec ce goût, il ait reçu de la nature les moyens de le satisfaire; quoiqu'elle lui ait donné des armes, de la ruse, de l'agilité, de la force, tout ce qui est nécessaire, en un mot, pour trouver, attaquer, vaincre, saisir et dévorer sa proie, cependant il meurt souvent de faim. Il est naturellement grossier et poltron; mais il devient ingénieux par besoin et hardi par nécessité. Pressé par la famine, il brave le danger, vient attaquer les animaux qui sont à la garde de l'homme, ceux surtout qu'il peut emporter aisément, comme les agneaux, les petits chiens, les chevreaux, et, lorsque cette manœuvre lui réussit, il revient souvent à la charge, jusqu'à ce qu'ayant été blessé, ou chassé et maltraité par les hommes et les chiens, il se recèle pendant le jour dans son fort, n'en sort que la nuit, parcourt la campagne, rôde autour des habitations, ravit les animaux abandonnés, vient attaquer les bergeries, gratte et creuse la terre sous les portes, entre furieux, met tout à mort avant de choisir et d'emporter sa proie.

« Lorsque ses courses ne lui produisent rien, il retourne au fond des bois, se met en quête, cherche, suit à la piste, chasse, poursuit les animaux sauvages, qui, le plus souvent, lui échappent par la vitesse de leur course; et enfin, lorsque le besoin est extrême, il s'expose à tout. Il attaque les femmes et les enfants, et se jette quelquefois sur les hommes. Il aime la chair humaine, et, peut-être, s'il était le plus fort, n'en mangerait-il pas d'autre. On a vu des loups suivre les armées, arriver en nombre à des champs de bataille où l'on n'avait enterré que négligemment les corps, les découvrir et les dévorer avec une insatiable avidité. Il n'y a rien de bon dans cet animal que sa peau; on en fait des fourrures qui sont chaudes et durables. Sa chair est si mauvaise qu'elle répugne à tous les animaux, et il n'y a que le loup qui mange volontiers du loup. Enfin, désagréable en tout, la mine basse, l'aspect sauvage, la voix effrayante, l'odeur insupportable, le naturel pervers, les mœurs féroces, il est odieux, nuisible de son vivant, inutile après sa mort. » BUFFON.

Suivant quelques naturalistes, le portrait que Buffon trace du loup est un peu exagéré dans ses couleurs. Il n'en est pas moins vrai que cet animal, malheureusement répandu sous toutes les latitudes, est un des fléaux de l'agriculture dans tous les pays où il n'a pas été possible, comme en Angleterre, d'en exterminer complétement la race. C'est surtout pendant l'hiver, à l'époque où les troupeaux sont enfermés dans les bergeries, qu'il devient redoutable. La faim le chasse alors des bois, il descend dans les plaines et se jette sur tout ce qui s'offre à son avidité.

Notre loup de France a le pelage *gris-fauve*, varié de poils noirs en dessus. Sa taille est celle des grandes espèces de chiens. On rencontre quelquefois des individus appartenant à une autre variété, plus féroce que la précédente, celle qu'on nomme *loup noir* à cause de sa couleur.

Les *Chacals* ou *Loups dorés* ont encore plus d'analogie que les loups avec nos chiens domestiques. Ils habitent l'Afrique, le midi de l'Asie, la Turquie et la Grèce. Ce sont des animaux peu dangereux, très-timides, et qui se réunissent par grandes troupes dans le voisinage des villes, où ils viennent rôder pendant la nuit à la recherche des débris d'animaux et des immondices. Ils sont beaucoup plus petits que les loups, et leur poil est fauve. De ce dernier caractère vient leur nom de *loups dorés*.

Le *Renard*, dit Buffon, est fameux par ses ruses et mérite en partie sa réputation. Ce que le loup ne fait que par la force, il le fait par adresse, et réussit plus souvent; sans chercher à combattre les chiens ni les bergers, sans attaquer les troupeaux, sans traîner les cadavres, il est plus sûr de vivre. Il emploie plus d'esprit que de mouvement. Ses ressources semblent être en lui-même; ce sont, comme on sait, celles qui manquent le moins. Fin autant que circonspect, ingénieux et prudent, même jusqu'à la patience, il varie sa conduite; il a des moyens de réserve qu'il sait n'employer qu'à propos; il veille de près à sa conservation. Quoique aussi infatigable et même plus léger que le loup, il ne se fie pas entièrement à la vitesse de sa course. Il sait se mettre en sûreté, en se pratiquant un asile où il se retire dans les dangers pressants, où il s'établit, où il élève ses petits; il n'est point animal vagabond, mais animal domicilié.

Il se loge au bord des bois, à portée des hameaux; il écoute le chant des coqs et les cris des volailles, il les savoure de loin; il prend habilement son temps, cache son dessein et sa marche, se glisse, se traîne, arrive et fait rarement des tentatives inutiles. S'il peut franchir la clôture ou passer par-dessous, il ne perd pas un instant, il ravage la basse-cour, il y met tout à mort, se retire ensuite lestement en emportant sa proie, qu'il cache sous la mousse ou porte à son terrier; il revient, quelques moments après, en chercher une autre qu'il emporte et cache de même, mais dans un autre endroit; ensuite, une troisième, une quatrième, jusqu'à ce que le jour ou le mouvement dans la maison l'avertissent qu'il faut se retirer et ne plus revenir. Il fait la même manœuvre dans les pipées et dans les boqueteaux où l'on prend les grives et les bécasses au lacet; il devance le piqueur, va de très-grand matin, et souvent plus d'une fois par jour, visiter les lacets, les gluaux, emporte successivement les oiseaux qui se sont empêtrés, les dépose tous en différents endroits, surtout au bord des chemins, dans les ornières, sous la mousse, sous un genièvre, les y laisse quelquefois deux ou trois jours, et sait parfaitement les retouver au besoin. Il chasse les jeunes levrauts en plaine, saisit quelquefois les lièvres au gîte, ne les manque jamais lorsqu'ils sont blessés, déterre les lapereaux dans les garennes, découvre les nids de perdrix, de cailles, prend la mère sur ses œufs, et détruit une quantité prodigieuse de gibier.

Le renard est aussi vorace que carnassier; il mange de tout avec une égale avidité : des œufs, du lait, du fromage, des fruits, et surtout des raisins. Lorsque les levrauts et les perdrix lui manquent, il se rabat sur les rats, les mulots, les serpents, les lézards, les crapauds, etc.; il en détruit un grand nombre. C'est là le seul bien qu'il procure. Il est très-avide de miel, il attaque les abeilles sauvages, les guêpes, les frelons, qui d'abord tâchent de le mettre en fuite en le perçant de mille coups d'aiguillon; il se retire, en effet, mais en se roulant pour les écraser, et il revient si souvent à la charge, qu'il les oblige à abandonner le guêpier; alors il le déterre et mange et le miel et la cire. Il prend aussi les hérissons, les roule avec ses pieds et les force à s'étendre; enfin, il mange du poisson, des écrevisses, des hannetons, des sauterelles, etc.

Le renard diffère du chien par la tête, qu'il a relativement plus grosse ; il a aussi les oreilles plus courtes, la queue beaucoup plus grande, le poil plus long et plus touffu, les yeux plus inclinés. Cette espèce est une des plus sujettes aux influences du climat, et l'on y trouve presque autant de variétés que dans les espèces d'animaux domestiques. La plupart de nos renards sont roux, mais il s'en trouve aussi dont le poil est grisâtre. Ces derniers s'appellent *renards charbonniers*. Dans les pays du Nord, il y en a de toutes couleurs, de toutes nuances, des noirs, des gris de fer, des gris-argenté, des blancs, etc.

Le *renard bleu* ou *isatis* habite le nord des deux continents. Sa fourrure, d'un gris cendré, est regardée comme une des plus précieuses. Il en est de même de celle du *renard argenté* ou *renard noir*. Celle-ci, d'un beau noir glacé de blanc, est très-recherchée dans tout l'Orient.

L'histoire du *Chien* devrait prendre place à côté de celle du renard et du loup ; afin d'éviter un double emploi, nous renverrons au volume de l'année préparatoire pour tout ce qui concerne ce précieux auxiliaire de l'homme.

Le *Lion* se distingue tout d'abord des autres espèces du même groupe par sa couleur fauve à peu près uniforme, par la touffe de poils qui termine sa queue, enfin, par la crinière qui couvre la tête et les épaules du mâle. Cet animal, jadis très-répandu dans presque tout l'ancien continent, ne se trouve plus guère aujourd'hui que dans les déserts de l'Inde et de l'Afrique ; il en existe beaucoup sur la lisière de nos possessions d'Algérie. Les anciens, qui ne connaissaient pas le tigre du Bengale, avaient fait du lion le roi des quadrupèdes, comme ils avaient fait de l'aigle le roi des airs ; il était naturel qu'ils attribuassent à ces deux monarques toutes sortes de vertus, la noblesse du caractère, la supériorité du courage, la fierté, la générosité, etc.

« Malheureusement, dit M. Boitard, tous ces attributs disparaissent devant l'étude des faits. Pour ce qui est du lion, il n'attaque que par surprise, soit qu'il attende en embuscade, soit qu'il se glisse dans l'ombre ou rampe à la clarté du jour, caché par quelque abri, pour tomber sur une victime longtemps épiée, et cette victime est toujours un animal faible et innocent, qui ne peut lui opposer aucune résistance. Ce n'est que poussé par une faim extrême qu'il ose assaillir un bœuf ou un cheval. Tout ce qu'ont dit les voyageurs des combats du lion contre l'éléphant, le rhinocéros, l'hippopotame et le tigre, est autant de suppositions hasardées qui ne méritent aucune foi. Sa nourriture ordinaire consiste en gazelles et en singes, quand il peut les rencontrer et les saisir à terre. Il se place ordinairement dans les roseaux, autour des mares où ces animaux ont l'habitude d'aller boire le soir et le matin. Là, il reste à guetter un temps infini, avec cette admirable patience qu'ont tous les chats. Si un animal passe à sa portée, d'un bond prodigieux il s'élance sur lui, lui enfonce dans les flancs ses formidables griffes, et lui brise le crâne. S'il manque son coup, il ne cherche pas à poursuivre l'animal, et l'on a mis sur le compte de sa générosité ce qui n'est que le résultat de sa conformation. En effet, il bondit, saute, mais il ne peut courir, et il marche avec une lenteur que l'on a prise pour de la gravité. Il n'attaque pas les animaux quand il n'a pas faim, cela est vrai; mais c'est simplement parce que, dans ses forêts, sûr de sa supériorité de force, n'ayant jamais attaqué un être qui ait pu lui résister, comptant sur son agilité incomparable, il ne craint jamais de manquer de proie. Après s'être repu avec voracité, il s'endort pour deux ou trois jours, et ne sort de sa retraite ou de son apathie que poussé par une nouvelle faim. »

Le *Tigre* habite les Indes orientales; il se tient dans les forêts marécageuses et sur le bord des fleuves. Aussi grand, aussi fort et plus courageux que le lion, il ne craint aucun animal, pas même l'éléphant. Son audace est telle, qu'il se jette sans hésiter au milieu des troupes d'hommes les plus nombreuses et les mieux armées pour enlever la victime qu'il a choisie d'avance et qu'il emporte dans sa gueule, comme un loup peut faire d'un mouton. C'est le fléau des pays qu'il habite, et, souvent, au Bengale, il finit par dépeupler des bourgades entières. Lorsque ce ce terrible animal manque de proie vivante, il dévore les cadavres que la piété superstitieuse des Indous abandonne aux eaux du Gange. Le pelage du tigre est fauve en dessus,

Fig. 23. — Tigre.

blanc en dessous, avec des raies noires transversales sur les flancs. C'est une fourrure d'un prix élevé.

La *Panthère* habite l'Asie et l'Afrique. Elle n'attaque point ordinairement l'homme, à moins qu'elle n'ait été provoquée; mais, dans ce cas, sa colère devient terrible,

Fig. 24. — Panthère.

car elle brave tout pour la satisfaire. Son pelage, très-élégant, est fauve en dessus, blanc en dessous, et porte sur les flancs plusieurs rangées de taches noires, qui se réunissent et forment des sortes de rosaces. Une variété complétement noire et beaucoup plus redoutable que la précédente est commune dans l'île de Java.

Le *Léopard* diffère de la panthère en ce que ses taches, plus petites, sont distribuées sur un plus grand nombre de rangs. Il habite les mêmes contrées.

Le *Jaguar* ou *Tigre d'Amérique* remplace, dans le nouveau continent, le tigre royal pour la taille, pour la force et pour la férocité. Il a les mêmes habitudes et recherche de même le voisinage des eaux. Son pelage est également fauve en dessus, blanc en dessous ; mais, au lieu de barres transversales, il porte sur les flancs des taches noires en forme d'yeux et disposées sur quatre rangs. Les fourreurs, à cause de cette disposition, donnent au jaguar le nom de *grande panthère*.

Le *Couguar*, souvent appelé, sans trop de motifs, *Lion d'Amérique*, n'a du lion ni la taille ni la crinière, et se rapproche bien plutôt du loup, dont il possède la lâcheté et les instincts féroces. Bien que sa taille dépasse souvent un mètre et demi, il n'attaque presque jamais que les animaux incapables de se défendre, les cochons et les moutons, par exemple. On le rencontre dans toute l'Amérique du Sud. Son poil est court et fauve.

Les *Lynx* ont un pelage très-fourni et de couleur assez

Fig. 25. — Lynx.

uniforme ; des pinceaux de poils surmontent ordinairement

leurs oreilles. — Le *Lynx d'Afrique* ou *Caracal* est l'animal à qui les anciens prêtaient tant de propriétés merveilleuses, celle, par exemple, de voir à travers les murailles. Il habite l'Afrique, l'Arabie et la Perse. Sa taille est celle d'un chien barbet. Il se nourrit de gazelles et d'antilopes. — Le *Lynx d'Europe* est assez rare en France ; on n'en trouve plus guère que dans les Pyrénées. C'est un grand destructeur de gibier. Il a deux fois la grosseur de notre chat sauvage et porte un pelage roussâtre semé de taches brunes. Sa fourrure est estimée ; elle nous vient des pays du Nord et porte chez les fourreurs le nom de *loup-cervier*.

Les *Chats domestiques* ont eu probablement comme souche le *Chat sauvage*, que l'on rencontre encore dans nos forêts. Le chat sauvage est gris-jaunâtre, avec des zébrures foncées qui s'étendent longitudinalement sur le dos et transversalement sur les flancs. Quant aux chats domestiques, ils présentent des variations de nuances infinies, et ce défaut d'uniformité dans la couleur est un fait qui se reproduit pour toutes les espèces que nous avons soumises à notre empire ; ce n'est qu'à l'état sauvage que les animaux ont une coloration fixe et caractéristique.

Parmi les nombreuses variétés de chats domestiques, on distingue le *Chat tigré*, qui doit son nom à ses bariolages, et qui paraît provenir d'un croisement avec l'espèce sauvage ; le *Chat des chartreux*, dont le poil est d'un gris uniforme ; le *Chat d'Espagne*, dont la robe très-douce et très-lustrée présente des alternances de rouge, de blanc et de noir ; enfin, le *Chat angora*, originaire de l'Asie Mineure, et dont le poil, tout blanc dans la variété proprement dite, est d'une longueur et d'une finesse admirables.

La vie moyenne, chez les chats domestiques, est d'environ dix ans. Les chattes portent de cinquante-cinq à cinquante-six jours, et produisent de quatre à six petits. Comme les mâles sont sujets à dévorer leur progéniture, elles se cachent pour mettre bas ; cependant, par une bizarrerie bien singulière, elles finissent quelquefois par dévorer elles-mêmes ces petits qu'elles avaient pris tant de peine à dissimuler.

TRIBU DES PLANTIGRADES.

Les *Ours* habitent l'Europe, l'Asie et l'Amérique. Ce sont de gros mammifères, à formes trapues, qui vivent solitairement dans les montagnes et les forêts les plus sauvages. Leurs griffes, fortes et recourbées, leur servent surtout pour fouir et pour grimper. Ils les emploient rarement pour l'attaque. La plupart préfèrent les végétaux aux proies vivantes, et se nourrissent de fruits, de racines, de jeunes pousses végétales ; le miel a pour eux un attrait particulier. Pendant l'hiver, ils se retirent dans des cavernes et restent engourdis jusqu'au retour du printemps.

La chasse aux ours est une chasse très-périlleuse, car ces animaux n'ont pas moins de courage que de force, et ils deviennent terribles lorsqu'ils se sentent blessés. C'est principalement du nord de la Russie et de l'Amérique que l'on apporte les quelques milliers de peaux dont notre industrie a besoin chaque année pour la confection des manchons et des coiffures militaires.

On distingue plusieurs espèces d'ours. Les plus connues sont l'*Ours brun* d'Europe, l'*Ours noir* d'Amérique et l'*Ours blanc* des mers glaciales. — L'*Ours brun* se rencontre dans toutes les hautes montagnes et dans toutes les grandes forêts de l'Europe ; on en tue assez fréquemment dans les Alpes et dans les Pyrénées. C'est l'ours brun qu'on montre dans les fosses des ménageries. Pris jeune, il apprend facilement certains exercices; on l'habitue aussi à lutter contre les chiens. Sa taille est d'un mètre de haut environ sur un mètre et demi de longueur. Son pelage varie du gris-jaunâtre au brun plus ou moins foncé. — L'*Ours noir* est très-commun dans le nord de l'Amérique. Sa fourrure, d'un beau noir luisant, est très-estimée. Une espèce voisine, l'*Ours gris*, qui habite les mêmes régions, doit à sa férocité le nom d'*Ours terrible*. — Les *Ours blancs*, plus grands, plus voraces, plus carnassiers que les ours des espèces précédentes, se nourrissent de poissons, de phoques, de morses, de débris de baleines, et ne quittent guère les rivages de la mer Glaciale. Ils se réunissent pour la chasse en troupes nombreuses, et souvent ils se hasardent à attaquer les pêcheurs jusque dans leurs embarcations. Les glaçons flottants en amènent, chaque année, sur les côtes de l'Islande et de la Norvége.

Les *Blaireaux* sont des animaux nocturnes qui vivent dans des terriers profonds, et qui se nourrissent de petits mammifères, de reptiles, d'œufs, d'insectes. Leurs jambes sont si courtes et leurs poils si longs, que le ventre, dans la marche, semble traîner à terre. A la base de la queue, toujours très-courte aussi, se trouve une poche d'où suinte une humeur fétide. Notre espèce indigène a la taille d'un chien basset. Le poil du dos est gris glacé de noirâtre ; la tête porte trois larges bandes blanches ; le ventre et les pattes sont d'un brun-noirâtre. Le blaireau est l'objet d'une chasse active ; aussi devient-il de plus en plus rare. Sa fourrure, épaisse, terne et un peu rude, est employée pour faire des manchons ; ses poils sont utilisés dans la fabrication des pinceaux.

CHAPITRE VIII

MAMMIFÈRES RUMINANTS

Les Mammifères qui composent l'ordre des *Ruminants* sont herbivores et la chair est complétement exclue de leur alimentation. Leurs dents ne sont point tranchantes, mais plates et disposées pour broyer; leurs doigts sont dépourvus d'ongles acérés; un simple sabot corné les termine, instrument de défense et non d'attaque. Chez presque tous les ruminants, le sabot, fendu sur la ligne médiane, forme une gaîne particulière pour chacun des deux doigts dont se compose le pied : le pied, par conséquent, est fourchu. Enfin, la mâchoire supérieure est toujours dépourvue d'incisives, et l'estomac est partagé en quatre compartiments.

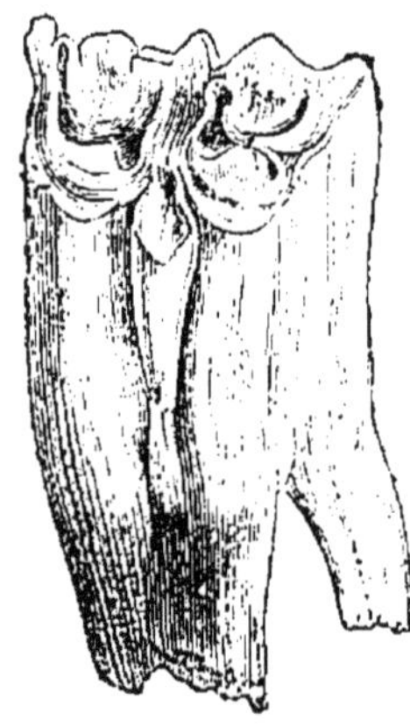

Fig. 26.
Molaire du Bœuf.

Les Ruminants accomplissent leurs fonctions digestives d'une tout autre manière que les animaux dont l'estomac est simple. Lorsqu'un bœuf mange, il se contente d'abord de réduire l'herbe en petites pelotes, qu'il avale presque sans les mâcher et qui vont s'emmagasiner dans les deux premiers estomacs, désignés sous les noms de *panse* et de *bonnet*. Les pelotes, pendant leur séjour dans ces deux estomacs, s'imbibent d'un liquide assez analogue à la salive; mais elles restent entières, et il ne se passe guère rien de plus qu'une simple imbibition. Rentré à l'étable, ou couché dans son pâturage, le bœuf, lorsqu'il commence la véritable digestion, fait remonter successivement toutes les pelotes et les fait passer sous ses puissantes mâchoires.

Il résulte de cette trituration une bouillie herbacée qui descend par l'œsophage, glisse, sans y pénétrer, au-dessus des orifices du *bonnet* et de la *panse*, et tombe directement dans le troisième estomac ou *feuillet*. Le *feuillet* communique avec la *caillette* ou quatrième estomac, dans lequel

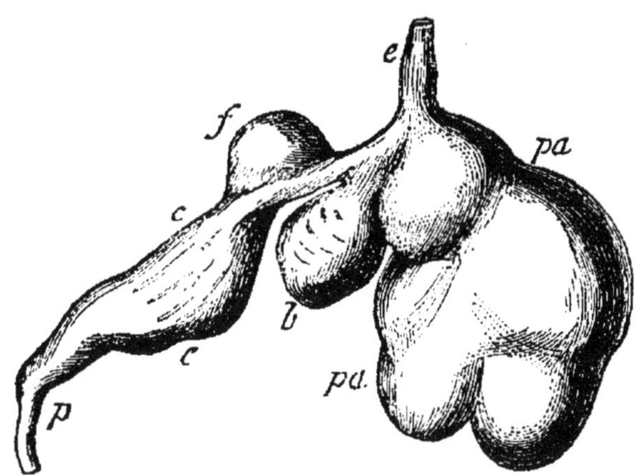

Fig. 27. — Estomac de Ruminant... [1]

s'accomplissent plus particulièrement les phénomènes digestifs susceptibles d'être comparés à ceux dont notre estomac est le siége. C'est à l'extrémité de ce dernier compartiment que se trouve l'orifice du conduit intestinal. Chez les Ruminants, la longueur totale de l'intestin dépasse vingt-cinq fois la longueur du corps.

Les Ruminants ont le cerveau peu développé ; leur intelligence est très-restreinte. Quelques-uns sont farouches et sauvages ; mais la plupart sont de mœurs paisibles. Leurs yeux possèdent un reflet bleuâtre, d'une douceur extrême, et qui provient de ce que, sur le fond de l'œil, la choroïde, au lieu d'être noire, est irisée. En général, ces animaux ont l'odorat et l'ouïe très-subtils ; ils sentent de très-loin l'approche de leurs ennemis.

L'ordre des Ruminants nous a fourni les plus importants de nos animaux domestiques : le bœuf, le mouton, la chè-

1. Fig. 27. — Estomac de Ruminant. — *e*, œsophage. — *pa*, panse. — *b*, bonnet. — *f*, feuillet. — *c*, caillette. — *p*, pylore.

vre, le lama, le chameau, le renne. Dans chaque espèce même, on distingue des variétés ou *races*, dérivées d'un type primitif, lequel a été modifié par le climat, le sol, le régime, l'éducation et l'adaptation à tels ou tels usages. Les efforts éclairés de l'agriculture ont pour but l'amélioration des races d'animaux domestiques. Notons, sans entrer pour le moment dans des détails qui seraient inopportuns, qu'il existe pour cela trois procédés : le premier consistant à améliorer la race par elle-même, c'est-à-dire à choisir pour la perpétuer les individus qui en présentent les plus beaux types ; le second, à croiser une race indigène avec une race étrangère plus parfaite ; le troisième, à substituer complétement une race étrangère à une race indigène reconnue défectueuse.

Les Ruminants peuvent être partagés en deux groupes : l'un comprend les Ruminants à cornes, tels que le bœuf, le mouton, la chèvre, le chamois, l'antilope, le cerf, le daim, le chevreuil, la girafe; l'autre, les Ruminants sans cornes, tels que le chameau, le lama, le chevrotain. Parmi les espèces dont se compose le premier groupe, il en est quelques-unes où l'on ne trouve de cornes que chez les mâles. Le plus souvent, ces organes sont doubles ; mais quelquefois, par exception, il s'en trouve quatre ou même davantage.

Nous entrerons dans quelques détails relativement aux espèces dont l'histoire offre le plus d'intérêt.

L'espèce *Bovine* est, sans contredit, de toutes les espèces animales, celle qui rend le plus de services à l'homme. Elle laboure et travaille pour lui ; elle le nourrit de son lait et de sa chair ; elle lui fournit les engrais indispensables à l'agriculture. L'industrie tire parti de sa peau, de sa graisse, de ses tendons et même de ses intestins. C'est avec la peau du bœuf, de la vache et du veau que l'on prépare les cuirs destinés à la confection des chaussures, des harnais, etc. Les poils fournissent de la bourre pour les tapissiers, les selliers. Avec les os, les tourneurs confectionnent une foule d'ouvrages. De ces mêmes os, on extrait de la gélatine, et l'on fait du noir animal ; en outre, ils constituent un engrais puissant. Les cornes servent à faire quantité d'objets de tabletterie. Le sang est employé pour le raffinage des sucres, la clarification des vins et des sirops; c'est également un engrais très-énergique. Avec les intestins, on fabrique des cordes pour les instruments de musique et de la baudruche. Enfin, le fiel, sous le nom d'*amer de bœuf*, est utilisé dans le dégraissage et la teinture,

Le Bœuf, comme tous les animaux domestiques, se modifie profondément sous l'influence du climat, du sol, de la nourriture, du genre de vie. Dans les zones tempérées, la taille est plus élevée, la chair plus tendre, plus succulente, la peau plus épaisse ; les vaches donnent plus de lait. Les animaux du Nord fournissent plus de suif et un meilleur suif que ceux du Midi. Ceux qui vivent dans les montagnes ont le corps ramassé, le cou très-court, ainsi que les jambes et la tête, la croupe large, les cornes dirigées latéralement; ceux qui vivent en plaine sont plus allongés, plus minces; ils ont les jambes hautes, le cou long, les cornes ordinairement dirigées en avant.

On distingue en France un grand nombre de races bovines. La race *normande* est remarquable par sa corpulence. Sans parler des produits exceptionnels qui figurent aux promenades du Carnaval, et qui dépassent fréquemment 1200 kil., elle fournit communément des individus d'un poids brut de 7 à 800 kilogrammes. Mais, d'un autre côté, cette race est peu propre au travail et elle ne donne pas du lait dans les proportions de son volume et de sa consommation. Les bœufs du Cotentin sont généralement d'une couleur *truitée* uniforme; ceux du pays d'Auge sont bigarrés de rouge, de blanc, de noir. Cette uniformité de couleur, commune dans presque toutes les races, provient de ce que, dans chaque pays, on élève de préférence les animaux ayant la couleur favorite; les autres sont envoyés comme veaux à la boucherie dès les premiers mois.

La race *bretonne* est remarquable par l'exiguïté de sa

taille et l'excellence de son lait. Sa sobriété, son ardeur au travail la rendent extrêmement précieuse pour

Fig. 28. — Vache bretonne.

les pays pauvres et incultes qui forment la presqu'île armoricaine.

La race *charolaise*, aujourd'hui si fort en faveur, se trouve cependant placée au-dessous de la grande race nor-

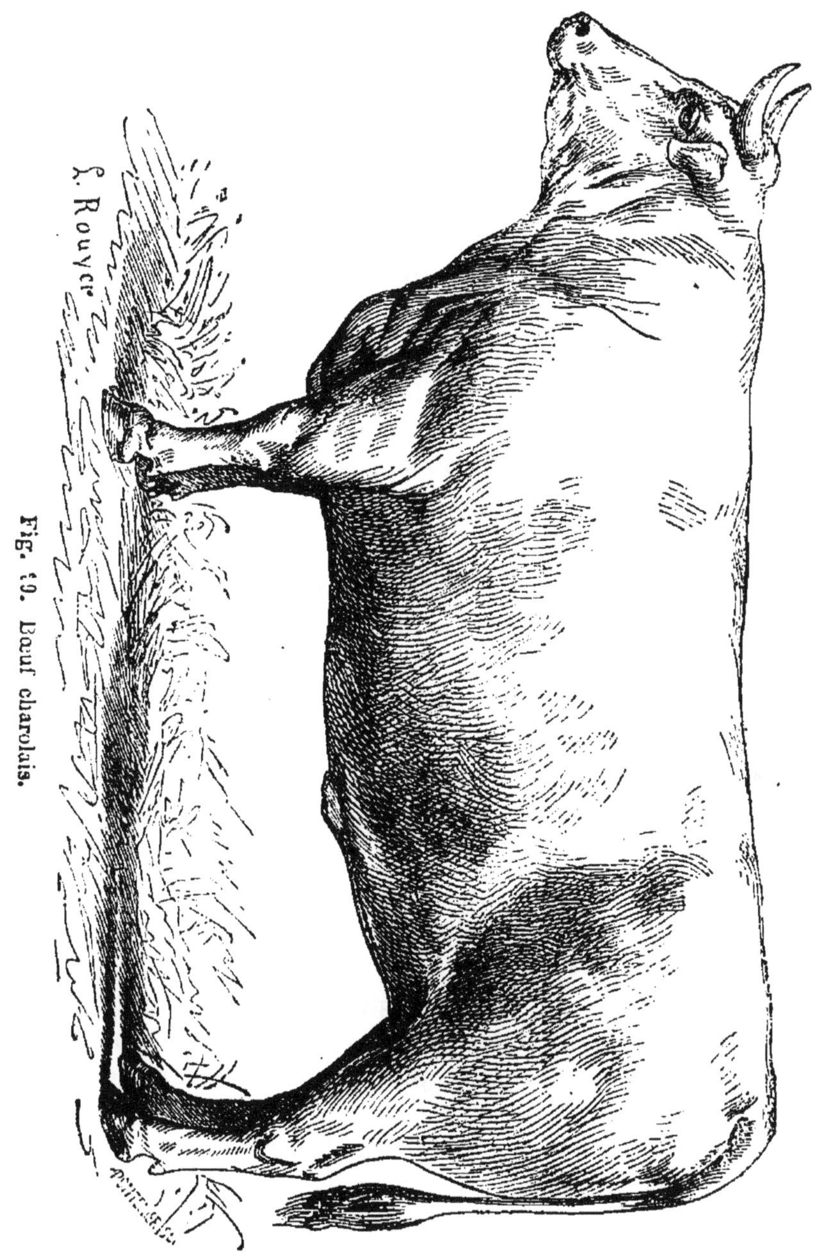

Fig. 19. Bœuf charolais.

mande, lorsqu'on ne considère que la taille et le volume. Parmi les animaux qui naissent, travaillent et s'engraissent dans les plaines du Charolais, bien peu dépassent en poids brut 5 ou 600 kilogrammes. Mais cette race, très-robuste et très-douce, est excellente pour le labour; elle produit une viande très-délicate et très-recherchée. Les vaches, il est vrai, passent pour d'assez mauvaises laitières.

La race *angevine* ou *cholette* contribue pour une part très-considérable à l'approvisionnement de Paris. Quoique petite, elle surpasse toutes les autres races par le rendement relatif en viande nette. — Les bœufs *nantais* ou *vendéens* se rapprochent des angevins par la structure générale et par l'aptitude au travail et à l'engraissement; mais leur viande est moins délicate. — On rattache au même groupe les bœufs de la Mayenne et de la Sarthe, formés par un croisement avec la race normande, et ceux des Deux-Charentes, variété qui rappelle le buffle par son aspect sauvage.

La race *nivernaise*, couleur café au lait, et la race *bourbonnaise*, dont la robe est presque toujours d'une blancheur de neige, fournissent d'excellentes bêtes de travail. Leur viande est de qualité moyenne, et leur poids dépasse rarement 400 kilogrammes.

La race *comtoise* est encore plus petite; son poids moyen est de 250 à 300 kilogrammes. Sa conformation trapue et ramassée en fait essentiellement une race de travail; elle prend peu de graisse et fournit un lait peu abondant, mais caséeux, qui sert à la fabrication de fromages analogues à ceux de Gruyères.

Les bœufs roux du *Morvan* sont lourds et mal bâtis; ils sont méchants, capricieux, sournois. Parfaits pour le travail, ils ne produisent jamais qu'une viande très-dure.

La race *auvergnate* ou race de *Salers* est le type de nos races travailleuses. Les bœufs d'Auvergne labourent d'instinct. Ils sont remarquables par leur douceur, leur intelligence, leur sobriété et la rusticité de leur constitution. Par contre, leur engraissement est long, peu économique, et leur viande n'est pas très-estimée.

Les femelles fournissent un lait peu abondant, mais très-riche en matière caséeuse. Le poil, dans la race auver-

Fig. 30. — Bœuf limousin.

gnate, est presque toujours d'un rouge vif et sans tache.

Les races d'*Aubrac* et de *Ségalas* habitent les montagnes

qui se relient à la chaîne d'Auvergne; elles diffèrent de la race pure de Salers par plus de disposition à l'engraissement, mais aussi par moins de force et moins d'aptitude au travail. Elles ne fournissent point de bonnes bêtes de boucherie, et les femelles donnent peu de lait. Ces deux races ont l'avantage de pouvoir subsister dans des terrains peu fertiles et d'exiger très-peu de soins.

La race du *Quercy* et celle du *Limousin* sont l'une et l'autre assez difficiles à engraisser, mais fournissent de bons animaux de labour.

La race *gasconne* ou *garonnaise*, généralement d'une taille fort élevée, est presque aussi estimée dans les boucheries que la race normande, qu'elle surpasse par la qualité du suif. Elle est très-propre au travail et fournit au commerce de Bordeaux de puissants moyens de transport. Les animaux de cette race se distinguent par leur couleur grise, mêlée de teintes brunâtres.

Parmi les races étrangères, une de celles qui diffèrent le plus des nôtres est la *race podolienne* ou *hongroise*, très-répandue dans l'Europe orientale, et que la boucherie française commence à rechercher. Les animaux de cette race ont les cornes démesurément longues; ils vivent en grands troupeaux à moitié sauvages, engraissent facilement, fournissent beaucoup de suif et de bonnes peaux; on les dit excellents pour le travail; mais les vaches donnent peu de lait.

Sur le littoral de la mer du Nord et de la mer Baltique, depuis Dantzig jusqu'à la frontière de la France, on rencontre les races d'*Angeln*, du *Holstein*, du *Jutland*, de la *Hollande;* toutes présentent les caractères généraux que nous avons indiqués pour les races de plaine ; elles sont d'ailleurs prédisposées à l'engraissement et donnent un lait abondant. Nous citerons enfin les races *suisses* et celles du *Tyrol*, qui fournissent les meilleurs types des races de montagne.

Parmi les races anglaises, la plus célèbre est la *race durham à courtes cornes*. Cette race engraisse facilement et passe pour bonne laitière ; mais elle est délicate et consomme énormément. C'est la plus grande race qui existe ; il est assez commun de voir des bœufs *durham* dépasser le

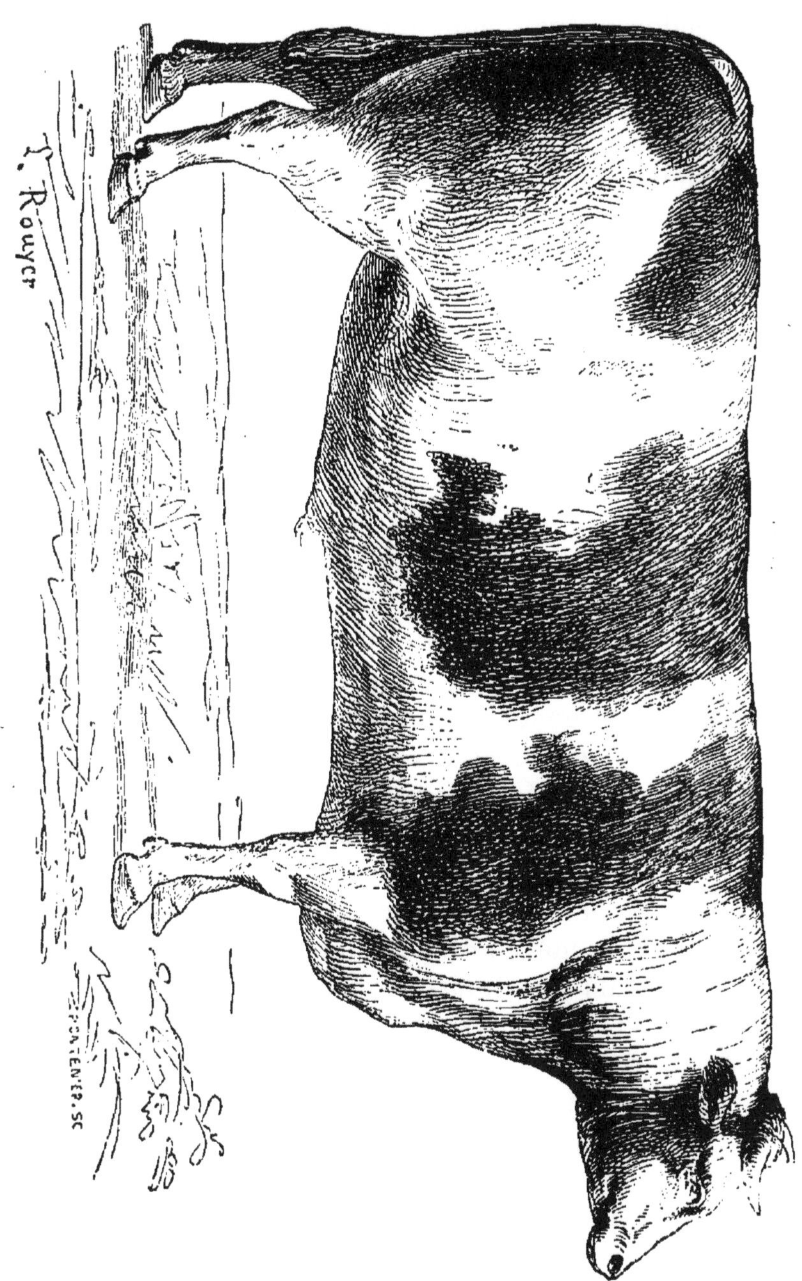

Fig. 31. — Bœuf durham.

poids de 1000 kilogrammes. Après les *durham* viennent : les *devon*, moins remarquables par leur taille que par la beauté de leur forme et leur aptitude au travail et à l'engraissement; les *hereford*, beaucoup plus hauts de taille que les précédents, également aptes au travail, excellentes bêtes de boucherie; les bœufs sans cornes d'*Angus*, d'*Aberdeen*, de *Gallway;* la race sobre et robuste du *West-Highland;* la race éminemment laitière d'*Aurigny* et des autres îles de la Manche.

La plupart des races dont il vient d'être question doivent leurs caractères à certaines conditions de sol et de climat. Cependant plusieurs, la race *durham* entre autres, ont été complétement transformées par l'industrie de l'homme. Le croisement avec des animaux d'une race d'élite peut certainement améliorer les bestiaux d'une localité; mais il ne faut point perdre de vue que la race que l'on introduit doit retrouver, si l'on veut qu'elle se conserve, à peu près les mêmes conditions de sol et de climat, et, surtout, les mêmes soins et le même régime. Les *durham*, transportés dans une région aride et montagneuse, dégénéreraient rapidement et donneraient des produits très-inférieurs à ceux de la race indigène. Dans le choix des races à introduire, il faut encore tenir compte du genre d'utilité qu'on veut retirer des bestiaux. Telles races sont bonnes laitières, telles autres sont bonnes travailleuses, d'autres se distinguent par leur développement précoce et leur disposition à prendre de la graisse. Or, les qualités qui conviennent pour une localité ne sont pas toujours celles qui doivent être recherchées dans une autre. C'est là une vérité banale, mais que nous sommes obligé de répéter ici, car elle a été bien souvent méconnue.

En France, tous les bœufs sont employés au travail pendant leurs premières années. Ce n'est généralement que vers l'âge de huit à dix ans que l'on commence à les préparer pour la boucherie. Dans la Normandie, l'engraissement se fait au pâturage. Ailleurs, les animaux sont assez généralement gardés à l'étable. Plus un aliment renferme de matière grasse, mieux il convient, d'ordinaire, pour l'engraissement du bétail. Ainsi, sous ce rapport, le foin, qui, sur 100 kilogr., renferme 3 kilogr.

500 gr. de matière grasse, sera très-supérieur à la pomme de terre, qui en renferme à peine 1 kilogr.; mais il sera, d'un autre côté, très-inférieur au maïs, qui en renferme 8 kilogr., et surtout à la graine de lin, qui en renferme 35 kilogr.

Le poids des bœufs livrés à la boucherie après leur engraissement est extrêmement variable, de même que le poids de la viande nette que l'on peut en retirer. Pour un bœuf du poids brut moyen de 480 kilogrammes, on compte actuellement, dans la boucherie de Paris, 390 kilogr. de viande nette, c'est-à-dire à peu près 80 pour 100 du poids total.

Les veaux, généralement livrés à la boucherie vers l'âge de six semaines, pèsent alors environ 52 kilogrammes et fournissent à peine 35 kilogrammes de viande nette. C'est une grande perte, que cette destruction des bestiaux au moment où les organes commencent seulement à se former, et où la viande ne possède point encore toutes ses propriétés nutritives. Cependant, sur quatre millions de bêtes bovines abattues chaque année en France, on compte plus de deux millions de veaux.

Les vaches fournissent, suivant les races, les localités, une quantité de lait plus ou moins abondante. Il serait impossible d'établir une moyenne de la production journalière, car certaines vaches donnent jusqu'à seize litres de lait par jour, et d'autres, au contraire, n'en fournissent pas deux litres. Le régime, la température exercent, d'ailleurs, une grande influence sur la quantité comme sur la qualité et la composition du lait.

Les différents laits de nos animaux domestiques peuvent se classer en trois groupes. Le lait de l'ânesse et celui de la jument présentent une grande analogie ; ils sont riches en eau et en sucre de lait, pauvres en matière azotée et en beurre. Le lait de la brebis est celui qui contient le moins d'eau et le plus de matière grasse et de matière azotée. Le lait de vache et celui de la chèvre offrent une composition intermédiaire.

On trouvera dans le tableau ci-après la composition

moyenne des différents laits dont il vient d'être question. La *caséine* et l'*albumine* représentent la matière azotée ; le sucre de lait est désigné sous le nom de *lactose*.

TABLEAU DE LA COMPOSITION MOYENNE DU LAIT.

	Eau.	Matière grasse	Caséine.	Albumine.	Lactose.	Sels.
Vache...........	87.60	3.20	3.00	1.20	4.30	0.70
Chèvre...........	87.30	4.40	3.50	1.35	3.10	0.35
Brebis............	81.60	7.50	4.00	1.70	4.30	0.90
Anesse...........	89.63	1.50	0.60	1.55	6.40	0.32
Jument..........	91.37	0.55	0.78	1.40	5.50	0.40

Si l'on voulait comparer ces différents laits au lait de femme, il faudrait rappeler que celui-ci renferme 87 pour 100 d'eau, 2 de matière azotée, 7 de matière sucrée, 3,80 de matière grasse, et une très-petite quantité de sels minéraux. Le lait de l'ânesse serait celui qui s'en rapprocherait le plus.

En 1852, on comptait en France 12,200,000 animaux appartenant à la race bovine, savoir : 400,000 taureaux, 2,400,000 bœufs, 6,800,000 vaches, 2,400,000 veaux. A la même époque, on comptait en Autriche, en y comprenant le royaume Lombard-Vénitien, 15 millions de bêtes bovines; dans le Royaume-Uni, 14 millions; dans la Russie d'Europe, 22 millions.

Le *Buffle* ne diffère du bœuf domestique que par un petit nombre de caractères; dans plusieurs pays, il est employé aux mêmes usages. Originaire de l'Inde, cet animal se rencontre aujourd'hui dans toute l'Asie, dans l'Afrique et dans la Péninsule italienne. Il habite de préférence les régions marécageuses, et son introduction pourrait avoir quelque avantage dans certaines parties du midi de la

France. Il est sobre, robuste, d'un naturel farouche; il convient pour le labourage et les charrois. Sa chair est mangeable; son lait est nourrissant; son cuir est très-dur, mais facilement perméable à l'eau.

Le *Bison* erre par grandes troupes dans les prairies de l'Amérique septentrionale, depuis la Louisiane jusqu'au cercle polaire. La laine épaisse et crépue qui couvre sa tête et ses épaules lui donne un aspect tout à fait sauvage. Les Indiens lui font la chasse, et l'on assure que certaines parties de sa chair sont d'un goût très-délicat.

Le *Mouton* ne se trouve nulle part à l'état sauvage. Sa domestication remonte aux époques les plus anciennes de l'histoire; presque aussitôt qu'il est question de l'homme, il est question du mouton. Les premiers peuples furent des peuples *pasteurs*, c'est-à-dire errant dans les pâturages, à la suite de leurs troupeaux. Beaucoup de zoologistes considèrent toutes nos variétés de moutons comme descendant d'une espèce sauvage, le *mouflon*, qui habite les régions montagneuses des deux continents.

Le mouton est peut-être, de tous les animaux, celui qui a été le plus travaillé par l'homme, et celui dont on a obtenu les résultats les plus divers. Une variété curieuse est le *mouton à grosse queue*, ainsi nommé parce que sa queue, surchargée de graisse, prend un développement énorme et pèse parfois à elle seule plus de 15 kilogrammes. On trouve cette variété sur la côte de Barbarie, à Madagascar, dans l'Inde, dans la Russie méridionale. Une autre variété, le *mouton d'Islande*, présente deux, trois et quelquefois même jusqu'à quatre paires de cornes.

Les moutons *mérinos* sont célèbres à un autre titre. Il n'est point de race plus précieuse pour l'industrie; il n'en est point qui possède une laine plus fine. Ces moutons sont de taille moyenne; on les distingue à leur petite tête et à leurs jambes grêles. Leur laine, longue et frisée, devient éblouissante comme la neige lorsque l'animal est lavé. Les pattes, le museau, le front présentent souvent une teinte noirâtre. Les mérinos sont originaires d'Espagne. Au seizième siècle, cette contrée en comptait plus de trente millions de têtes et six millions à peine de moutons à laine grossière; aujourd'hui, le nombre des mérinos est descendu à six millions et celui des moutons communs s'est élevé à douze millions. En même temps, la laine espagnole a beaucoup perdu sous le rapport de la finesse; elle est aujourd'hui inférieure aux belles qualités de la Saxe.

En Espagne, les mérinos ne reposent jamais sous un toit; ils restent continuellement à l'air, changeant de pâturages avec les saisons, passant l'hiver dans le sud de la Péninsule, et le reste de l'année dans les provinces orientales et septentrionales. Chaque troupeau se compose ordinairement de dix mille bêtes, confiées à un *mayoral* ou berger en chef, ayant sous ses ordres cinquante bergers et autant de chiens. Jadis, l'exportation de ces précieux animaux était défendue sous les peines les plus sévères; mais la loi n'a jamais été bien strictement observée, et c'est par l'emploi des béliers espagnols que les agriculteurs des différents pays sont parvenus à améliorer leurs races indigènes. En 1786, le gouvernement français fit venir un troupeau de mérinos espagnols pour la ferme de Rambouillet. Ce troupeau a fourni plus de six mille béliers ou brebis qui ont été disséminés sur tous les points du territoire. Nous avons actuellement en France deux races de mérinos, la race de *Naz*, où l'on a tout sacrifié à la production d'une laine, à la vérité, sans égale, et celle de *Rambouillet*, dont la toison est fine et pesante, et qui offre, en même temps, une remarquable aptitude à l'engraissement.

Nos anciennes races françaises se rapportent à quatre types principaux, et on les partage en races *flamande*, *picarde*, *bocagère* et *provençale*. — La race *flamande*, la plus grande et la plus forte de toutes, fournit des moutons gras dont le poids brut dépasse souvent 60 kilogr., tandis que le poids brut moyen des moutons abattus en France n'est guère que de 30 kil., avec un rendement en viande nette de 20 kil. On trouve la race flamande en Flandre, en Normandie, dans le Poitou. Les races anglaises et hollandaises sont celles qui conviennent le mieux pour croiser avec elle. — La race *picarde*, plus petite et moins corpulente, est répandue dans les plaines de la Picardie, de

Fig. 32. — Bélier mérinos.

la Brie et de la Beauce. Par son croisement avec les mérinos, elle a donné des métis de forte taille, abondants en chair, à toison fine et bien fournie, s'engraissant plus aisément que les mérinos de sang pur. — La race *bocagère* ou des *moutons buisquins* est encore plus petite que la race picarde; mais sa chair est excellente et sa laine d'une grande finesse. Elle occupe les Landes et les régions du centre de la France, la Touraine, la Sologne, la Bourgogne, l'Anjou, etc. — La race *provençale* s'étend depuis le littoral de la Méditerranée jusque dans le Dauphiné et une partie de l'Auvergne ; elle comprend les moutons du Roussillon, de la Camargue et du Languedoc.

L'Angleterre possède différentes races, presque toutes supérieures aux nôtres, si l'on considère uniquement la production de la viande. Telle est la race de *Dishley* ou *New-Leicester*, qui fournit des moutons extraordinaires par leur embonpoint et par la précocité de leur engraissement. A deux ans, ces moutons ont acquis tout leur développement et rendent, en moyenne, 50 kilogrammes de viande nette. Les dishley peuvent être considérés comme le type des moutons de plaine; ils sont malheureusement délicats et maladifs. La race des *south-down* est le type des races de coteaux. Elle engraisse un peu plus lentement et donne un peu moins de viande nette que les dishley, mais elle est plus robuste et demande bien moins de soins ; sa viande, d'ailleurs, est parfaite. La race des *cheviot* est le type des races montagnardes. Pourvue d'une toison épaisse et courte, elle est très-rustique et passe souvent l'hiver sur les montagnes. Une race non moins robuste, la race *à tête noire* des bruyères, habite des hauteurs encore plus considérables que les *cheviot*. On rencontre, dans les expositions agricoles, d'autres races anglaises plus ou moins répandues : celle des plateaux ou *Cotswolds* du comté de Glocester, les races à laine longue de Lincoln et de Tees-Water, celles à laine courte de Dorset et de Hereford. Les Anglais avaient d'abord cherché à propager chez eux les mérinos d'Espagne ; mais ils s'aperçurent bien vite que l'élève de ces animaux ne pouvait être avantageuse dans un pays humide. Ils transportèrent donc la race en Australie, où elle s'est multipliée à tel point, que l'Angleterre tire annuellement de cette contrée plus de 30 millions de kilogrammes de laine.

On compte, en France, 36 millions de moutons, dont un quart environ de mérinos. L'Algérie n'est point comprise dans ce dénombrement et possède à elle seule 7 millions de têtes ovines. La Prusse en possède 15 millions, l'Espagne 18 millions, l'Autriche, en y comprenant l'ancien Lombard-Vénitien, 31 millions, le Royaume-Uni, 35 millions, la Russie d'Europe, 41 millions.

Chez les *Chèvres,* les cornes sont dirigées en haut et en

Fig. 33. — Chèvre.

arrière, tandis que, chez les moutons, ces organes, après s'être dirigés en arrière, reviennent en avant et se contournent en spirale. Par la barbe qu'elles portent généralement au menton, les chèvres se distinguent également des moutons, dont le menton est toujours imberbe. Elles s'en distinguent encore davantage par les allures et par les habitudes. Elles sont vives, capricieuses, vagabondes ; elles aiment à grimper sur les lieux escarpés, à se placer et même à dormir sur la pointe des rochers et sur le bord des précipices. Elles savent trouver leur nourriture dans les bruyères, dans les friches, dans les terres stériles ; mais elles craignent les lieux humides, les prairies marécageuses, les pâturages gras. Elles commettent souvent de grands dégâts dans les taillis, en broutant les jeunes pousses et les écorces tendres ; leurs ravages se font particulièrement sentir en Algérie, où la population caprine atteint presque trois millions de têtes. Dans certains pays de l'Europe, l'extrême multiplication des chèvres est devenue une véritable calamité publique, parce que, pour conserver une pâture à leurs chèvres, les habitants s'opposent au reboisement des pentes, de sorte que la terre végétale, entraînée par les pluies, disparaît graduellement.

Quels que soient ces inconvénients, la chèvre est un animal précieux pour les contrées pauvres. Elle trouve à vivre dans les lieux stériles, où nul autre animal domestique ne pourrait subsister. Son lait est abondant, très-nourrissant, et produit un fromage d'un goût très-fin et très-délicat. Sa chair se mange, celle de la femelle du moins ; on tire parti de son suif et de sa peau ; enfin, le poil de plusieurs variétés sert à fabriquer différents tissus, dont quelques-uns sont très-précieux. La chèvre, dans les campagnes, est souvent employée comme nourrice, et s'acquitte très-bien de cette fonction. Notre chèvre domestique vit douze ans ; elle porte deux fois par an, et le temps de la gestation est, comme pour la brebis, de cinq mois et quelques jours. Le petit, appelé *chevreau*, fournit une chair assez estimée dans le midi de la France, et que l'on vend souvent à Paris pour de l'agneau. Le lait de la chèvre est très-blanc, un peu moins épais que le lait de vache, presque aussi riche en caséine que celui de brebis. Il est digéré facilement ; aussi le conseille-t-on souvent dans les maladies chroniques de la poitrine et de l'estomac. Malgré sa petite taille, la chèvre en fournit jusqu'à trois litres par jour. C'est avec ce lait qu'on fabrique les fromages du Mont-d'Or.

Dans l'Anatolie, province de la Turquie asiatique, on

trouve une variété de chèvres, appelée *race d'Angora*, du nom de la localité où elle est concentrée. Le poil de cette race est long, frisé, d'une nature intermédiaire entre la laine et le poil proprement dit; on en fabrique des tissus d'une très-grande finesse. Les chèvres d'Angora sont aussi sobres, aussi rustiques, aussi riches en lait que nos chèvres ordinaires.

Les chèvres du Tibet ont sous le poil un duvet gris d'une extrême finesse qui sert à fabriquer les véritables cachemires. Cette race habite exclusivement les parties les plus élevées du Tibet. Il existe, néanmoins, dans d'autres contrées de l'Asie, des races qui produisent un duvet très-fin, quoique très-inférieur à celui des chèvres du Tibet, avec lesquelles ces races sont souvent mal à propos confondues.

Les chèvres d'Afrique sont de très-petite taille; elles fournissent les peaux dites *maroquins*, dont il se fait un grand commerce sur la côte de Maroc.

Le *Chamois* ou *Isard* vit par petites troupes sur les sommets les plus élevés des Alpes et des Pyrénées. Il est de la taille d'une grande chèvre et porte un poil de couleur brune. Ses cornes sont petites et se recourbent à leur extrémité en manière d'hameçon. La chasse de cet animal est extrêmement difficile et périlleuse. La subtilité de son odorat lui fait sentir les chasseurs à plus d'un kilomètre de distance, et, grâce à son agilité, il bondit en se jouant sur la crête des précipices.

Les *Gazelles*, dont la grâce et la légèreté sont devenues proverbiales chez les nations de l'Orient, ne dépassent guère la taille d'une chèvre ; leur poil est fauve sur le dos et blanc sous le ventre, avec une raie brune sur les flancs ; leurs cornes sont noires, grosses, rondes, disposées en forme de lyre. Les déserts de l'Afrique et de l'Arabie renferment d'immenses troupeaux de gazelles. Il s'en trouve souvent plus de dix mille réunies ensemble. Les lions et les panthères en font leur pâture habituelle.

Le *Cerf* est le plus grand des animaux de nos forêts ; sa taille égale parfois celle d'un cheval ; son pelage est d'un jaune plus ou moins foncé; ses formes sont élégantes et légères; ses membres sont flexibles et nerveux. La tête de la femelle ou *biche* ne porte point de cornes; celle du mâle en porte deux, qui sont ramifiées, et que l'on désigne ordinairement sous le nom de *bois*. Ces *bois* sont de nature purement osseuse; leur tissu est serré et compacte. Ils commencent à se montrer vers l'âge de six mois sur la tête du jeune cerf ou *faon*. Lorsqu'ils ont acquis un certain développement, la peau qui les recouvrait se sépare ; l'os, privé de son écorce, se détériore comme les os dépouillés

Fig. 34. — Cerf.

de leur périoste ; le bois tombe. Cette crue et cette chute du bois se renouvellent régulièrement chaque année. Chaque année, en même temps, le bois prend un développement plus considérable, de sorte qu'il est assez facile de déterminer l'âge d'un cerf d'après l'inspection de son bois. Lorsque le bois se compose d'une simple tige sans branches, on l'appelle *dague*. On donne le nom d'*andouillers* ou de *cors* aux ramifications qui se développent sur la tige. A chaque changement de bois, le cerf acquiert de nouveaux andouillers, jusqu'à ce qu'il en ait vingt ou vingt-deux. Dans le vocabulaire de la *vénerie*, on appelle *hère* le jeune faon dont le bois n'est encore qu'à l'état de tubercules; *daguet*, le cerf de deux ans; *jeune cerf*, le cerf de trois à six ans; *cerf dix cors*, le cerf de sept ans; *vieux cerf*, l'animal qui a dépassé huit ans. La chasse du cerf constituait autrefois un art fort en honneur; elle exigeait un attirail de chiens, de chevaux et d'équipages que bien peu de personnes sont en état d'entretenir aujourd'hui. La *corne de cerf*, après être entrée dans la composition d'un grand nombre de préparations pharmaceutiques, ne se trouve plus guère employée que dans la coutellerie. La chair du faon est bonne à manger; celle de la biche et celle du daguet ne sont pas absolument mauvaises; mais celle des cerfs adultes a toujours un goût désagréable et fort. La peau fournit un cuir souple et très-durable.

Les cerfs sont devenus rares en France, et la race serait anéantie depuis longtemps, sans les soins que l'on prend pour empêcher la destruction des femelles. Ces animaux vivent de vingt à trente ans. Ils sont naturellement doux, inoffensifs, faciles à apprivoiser. Mais, lorsqu'ils sont à bout de ruses et de forces, lorsqu'ils sont, comme on dit, *aux abois*, ils se retournent contre les chiens, se défendent à coups d'andouillers et vendent chèrement leur vie.

Le *Daim*, un peu plus petit que le cerf, s'en distingue aisément par la forme des bois, qui sont ronds à leur base, mais aplatis et dentelés en dehors sur presque tout le reste de leur étendue; le pelage est brun-noirâtre en hiver, jaune tacheté de blanc en été. Cet animal préfère aux forêts les terrains élevés et entrecoupés de petites collines; il vit par groupes dans les régions tempérées du continent européen. Sa chair est supérieure à celle du cerf, et sa peau est très-recherchée pour les ouvrages de chamoiserie.

Le *Chevreuil* vit dans les taillis, par petites familles composées du mâle, de la femelle ou *chevrette* et de leurs petits. Ses bois, peu développés, s'élèvent perpendiculairement et ne portent que deux andouillers; son pelage varie du gris-fauve au rouge-brun; sa chair est très-estimée.

On l'élève souvent dans les parcs, mais il est difficile pour la nourriture, et chaque famille réclame un vaste espace de terrain. Les mœurs du chevreuil sont extrêmement douces. La durée de la vie, dans cette espèce, s'étend de douze à quinze ans.

L'*Élan* dépasse la taille du cerf, et quelquefois même celle du cheval. Ses bois, écartés horizontalement, forment des lames aplaties et profondément dentelées sur leur bord, dont le poids atteint souvent 25 kilogrammes. Le cou se trouve plus court et plus robuste que dans les espèces précédentes, de sorte que la tête supporte son fardeau avec plus d'aisance; il en résulte aussi que l'élan est bien loin de présenter le même caractère d'élégance et de légèreté. C'est un animal lourd, inoffensif, cependant très-dangereux, à cause de sa grande force, lorsqu'il est irrité par des blessures. Il habite les parties septentrionales des deux continents et recherche les endroits boisés et marécageux, le voisinage des grands fleuves. La chair de l'élan est légère et nourrissante; le cuir est excellent pour la buffleterie; le bois sert aux mêmes usages que celui du cerf.

Le *Renne* est à peu près de la taille du cerf; mais ses formes sont plus trapues, ses jambes plus courtes et plus grosses, ses pieds plus larges. Le bois existe chez la femelle comme chez le mâle; il se compose de plusieurs branches qui, chez les adultes, se terminent en palmes élargies et dentelées. Le poil devient brun en été, presque blanc en hiver; il est extrêmement fourni; et le cuir qui le porte est très-épais. Le renne appartient aux régions glaciales des deux continents; on le trouve en Laponie, en Sibérie, au Groenland, au Canada. Dans ces contrées déshéritées, le renne tient lieu, pour ainsi dire, de tous les animaux domestiques; seul il peut y subsister pendant les longs mois où la végétation ordinaire reste suspendue, et pendant lesquels son instinct lui fait trouver sous la neige les lichens grossiers qui sont alors sa nourriture exclusive. Dans l'Amérique du Nord, le renne vit à l'état sauvage; on le rencontre par troupeaux de huit à dix mille têtes. En

Laponie et dans plusieurs parties de la Sibérie, cet animal est depuis longtemps réduit en domesticité. Les Lapons n'ont pas d'autre richesse ; il remplace pour eux la vache, la brebis, le cheval. Ils se vêtent de sa peau, fabriquent des étoffes de son poil, mangent sa chair, boivent son lait ou en font des fromages ; enfin, ils l'attellent à leurs traîneaux et parcourent ainsi sur la neige plus de 100 kilo-

Fig. 35. — Renne.

mètres par jour. On a tenté vainement d'acclimater le renne en dehors des pays glacés pour lesquels il a été fait ; la chaleur lui est insupportable ; c'est à peine s'il peut endurer les étés de la Laponie, et il meurt à Saint-Pétersbourg. Du reste, comme le chameau, le renne perd la plus grande partie de son prix dans les localités où se trouvent des conditions favorables pour l'existence des autres animaux domestiques.

Les *Chameaux* ont la lèvre supérieure fendue et renflée, la plante du pied recouverte par une semelle épaisse, le dos surmonté d'une loupe de graisse, simple ou double, suivant les espèces. Leurs formes sont disgracieuses ; leurs allures sont bizarres et gênées; cependant, ces animaux, en apparence si maltraités par la nature, sont, pour les habitants de certaines contrées, le trésor le plus précieux. En effet, la conformation de leurs pieds leur permet de marcher avec aisance sur le sol mouvant du désert; leur loupe graisseuse est une sorte de réserve, aux dépens de laquelle ils vivent pendant la route, avec quelques poignées de dattes ou de farine pour toute nourriture. Autour de leur estomac multiple se trouvent de vastes cellules, où ils emmagasinent une provision d'eau suffisante pour tout le voyage. Enfin, leurs jambes, si maigres et si grêles qu'elles paraissent, permettent aux chameaux coureurs de faire des journées de 200 kilomètres sans prendre aucun repos. Ceux que l'on emploie comme bêtes de somme portent juqu'à 300 kilogrammes et parcourent avec cette charge 120 kilomètres par jour.

On distingue deux espèces de chameaux : 1° le *chameau à deux bosses*, originaire de l'Asie centrale, et qui ne s'est pas beaucoup éloigné des immenses plaines qu'habitent aujourd'hui les hordes tartares; 2° le *chameau à une bosse*, originaire de l'Asie occidentale, mais qui s'est propagé très-loin en Asie et en Afrique. Transportée sur différents points, en Europe et en Amérique, cette espèce s'est parfaitement acclimatée, toutes les fois qu'elle a rencontré des conditions favorables. On l'utilise pour les travaux de l'agriculture dans les maremmes de Toscane. Des essais faits avec discernement dans nos landes auraient, peut-être, quelques chances de réussite.

En Algérie, les chameaux sont extrêmement nombreux; on en compte plus de deux cent mille. C'est par la quantité des chameaux que les Arabes mesurent leur richesse. Les grands des tribus en possèdent souvent jusqu'à quatre cents, ce qui ne laisse pas de représenter une certaine somme. Le prix d'un chameau ordinaire varie de 90 à 150 francs; celui d'une chamelle est de 200 francs, en moyenne. Au sud de l'Algérie, on rencontre une variété particulière, dite *mehari*, beaucoup plus estimée que le type commun ; c'est le véritable dromadaire coureur, et, dans le désert, le mehari est au chameau ce que, chez nous, le cheval de course est au cheval de trait.

Ce n'est pas seulement comme bête de somme que le chameau est utile. Le poil qu'on lui coupe tous les ans, au printemps, sert à confectionner des tentes, des vêtements, et même des récipients à eau. La viande est, à ce qu'on dit, aussi bonne et aussi saine que celle du bœuf, et celle des jeunes est tendre comme la chair du veau. L'Arabe vit en grande partie du lait de la femelle, qui est très-nutritif. La graisse, mauvaise au goût, est employée pour faire des chandelles de très-bonne qualité. Le cuir vaut celui du bœuf.

Les *Lamas*, beaucoup plus petits que les chameaux, n'ont point, comme eux, sur le dos une loupe de graisse. Ils vivent dans les régions montagneuses de l'Amérique

Fig. 36. — Lama.

méridionale, et leur aptitude à servir de bêtes de somme les rend aussi précieux pour les habitants des anciennes colonies espagnoles que les chameaux peuvent l'être pour les Arabes et pour les Tartares. Ajoutons, pour compléter la similitude, que leur lait et leur chair sont d'excellente qualité, et que leur laine est recherchée dans l'industrie.

CHAPITRE IX

MAMMIFÈRES PACHYDERMES

Ce groupe comprend des Mammifères essentiellement herbivores, dont les doigts, comme ceux des Ruminants, sont enveloppés à leur extrémité dans un grand ongle ou *sabot,* de manière à ne pouvoir servir en aucune façon à la préhension des aliments. Les molaires des Pachydermes agissent, dans la mastication, comme de véritables meules, et remplissent le même rôle que celles des Ruminants. Le canal digestif présente le développement particulier à toutes les espèces dont le régime exclut la chair. L'estomac est très-vaste ; cependant, il est simple et les Pachydermes ne ruminent pas.

Les espèces les plus importantes, à notre point de vue, appartiennent à la tribu des *Solipèdes*, caractérisée par l'existence d'un doigt unique, et, par conséquent, d'un seul sabot à chacun des pieds. Nous allons compléter l'histoire de ces espèces, qui a été commencée dans l'Année préparatoire, et nous y joindrons quelques notions sur les Pachydermes compris dans les deux autres tribus, celle des *Pachydermes ordinaires* et celle des *Proboscidiens* ou Pachydermes à trompe.

TRIBU DES SOLIPÈDES.

Nous possédons en France un grand nombre de races de *Chevaux*. Les uns ont pour caractère la force, les autres la légèreté. Ainsi, les chevaux *boulonnais*, larges, courts et trapus, sont excellents pour les travaux lents et qui exigent des efforts soutenus. Les *percherons* sont très-recherchés pour le service des diligences, des omnibus et du roulage; leurs formes sont ramassées et musculeuses; presque tous ont le poil gris-pommelé. Les *bretons*, sans avoir la taille des percherons, s'en rapprochent beaucoup par la vigueur et les caractères physiques. Les *normands* ont de la hauteur et de l'ampleur; on les employait beaucoup autrefois pour les attelages de parade; on les recherche toujours pour la remonte de la grosse cavalerie. Les *poitevins* sont très-inférieurs aux races précédentes comme forme et comme vigueur de constitution. Il en est de même des *comtois*; mais ceux-ci se vendent généralement à bas prix, et cette raison les a fait adopter par le colportage et le petit roulage. Quant aux *poitevins*, ils servent pour les diligences, l'artillerie, la cavalerie. Les *limousins*, les *auvergnats*, les *navarrins* sont petits, mais vigoureux, sûrs et agréables dans leurs allures, doués en même temps d'une grande sobriété. Ces races s'étaient formées autrefois par un croisement intelligent de nos variétés méridionales avec la race arabe et la race andalouse; elles étaient très-recherchées et fournissaient d'excellents chevaux de selle et de guerre; elles ont beaucoup dégénéré, depuis qu'on a prétendu les améliorer par l'introduction du sang anglais.

L'Angleterre possède, pour les transports, des chevaux extrêmement robustes; mais ses chevaux de cavalerie, en dehors de la vitesse, répondent assez mal aux exigences d'un service sérieux. Les races pesantes de l'Allemagne sont précieuses pour la remonte de la grosse cavalerie. L'Espagne est à juste titre fière de sa race *andalouse*, autrefois célèbre entre toutes, et qui maintenant encore fournit des types excellents. La race *arabe* s'est conservée en Orient dans toute sa pureté et avec toutes ses qualités primitives. Chez les nations qui habitent le désert, le cheval est plus qu'un serviteur, c'est un compagnon. Il existe en Algérie une race presque identique, et qui descend en droite ligne de la race *numide*, si renommée dans l'antiquité. Sobres, dociles, doux, patients, courageux, sûrs de jambes à travers les chemins les plus difficiles, infatigables, enfin, les chevaux *algériens* réunissent toutes les qualités que l'on exige des chevaux de guerre, et, dans l'expédition de Crimée, ils en ont fourni la preuve éclatante.

La France possède trois millons de chevaux; elle en importe chaque année de l'étranger une grande quantité, soit pour la carrosserie, soit pour la remonte des troupes. On compte en Autriche, en y comprenant l'ancien Lombard-Vénitien, 3,500,000 chevaux; en Prusse, 1,500,000; dans le Royaume-Uni, 2,000,000.

Dans toutes les opérations agricoles, le cheval est l'auxiliaire le plus actif et le plus précieux du laboureur. Lorsqu'il est mort, sa dépouille conserve encore une valeur considérable : la peau, la chair, le sang, la graisse, les os, les crins, le poil, les sabots, tout peut être utilisé. Dans plusieurs pays, on mange la viande de cheval; à Paris même, elle se débite dans un certain nombre d'établissements spéciaux. Cette viande, lorsque l'animal est sain, n'a rien qui puisse inspirer de la répugnance, et il n'y a point d'inconvénient à ce que l'on fasse servir à l'alimentation publique les chevaux morts accidentellement. Mais il ne saurait être question d'engraisser des chevaux en vue d'en faire de la viande de boucherie; la spéculation serait très-mauvaise, car le cheval se prête beaucoup plus difficilement à l'engraissement que le bœuf.

Le poids des chevaux varie de 300 à 700 kilogr.; celui des petits chevaux appelés *poneys* est à peine de 200 kilogr.; celui des chevaux de malles ou de diligences est ordinairement de 450 kilogr. Le poids moyen est de 560 kilogr. pour les chevaux de la cavalerie de réserve; 475, pour ceux de la cavalerie de ligne; 400, pour ceux de la cavalerie légère; 500, pour ceux du service des équipages.

La plus grande vitesse que puisse prendre un cheval dans une course d'un quart d'heure ne dépasse pas 14 à 15 mètres par seconde. La vitesse du cheval au galop est de 10 mètres; au trot, elle est de 3 mètres 50 à 4 mètres; au grand pas, de 2 mètres, et, au petit pas, de 1 mètre.

De tous les modes de transport dans lesquels on utilise

la *force* du cheval, le transportdirect sur le dos est celui qui présente, sans aucun doute, le moins d'avantage. En effet, un cheval chargé directement supporte intégralement tout le poids du fardeau, tandis que, s'il est attelé à un véhicule monté sur des roues, l'effort qu'il doit faire varie entre le quart du poids du véhicule et le demi-centième de ce même poids. Dans ces conditions, le *tirage*, c'est-à-dire la force de traction qui doit être appliquée pour vaincre la résistance, correspond, pour un poids de 1000 kilogr., à 5 kilogr. sur un chemin de fer, à 33 kilogr. sur une chaussée macadamisée bien entretenue, à 70 kilogrammes sur une chaussée pavée.

« Pourquoi, dit Buffon, tant de mépris pour l'*Ane*, cet animal si bon, si patient, si sobre, si utile? Les hommes mépriseraient-ils jusque dans les animaux ceux qui les servent trop bien et à trop peu de frais? On donne au cheval de l'éducation, on le soigne, on l'instruit, on l'exerce; tandis que l'âne, abandonné à la grossièreté du dernier des valets, ou à la malice des enfants, bien loin d'acquérir, ne fait que perdre par son éducation, et, s'il n'avait pas un grand fonds de bonnes qualités, il les perdrait en effet par la manière dont on le traite. Il est le jouet, le plastron des rustres, qui le conduisent le bâton à la main, qui le frappent, le surchargent, l'excèdent sans précaution, sans ménagement.

« L'âne est, de son naturel, aussi humble, aussi patient, aussi tranquille que le cheval est fier, ardent, impétueux; il souffre avec constance, et peut-être avec courage, les châtiments et les coups. Il est sobre et sur la quantité et sur la qualité de la nourriture; il se contente des herbes les plus dures et les plus désagréables, que le cheval et les autres animaux lui laissent et dédaignent. Il est fort délicat sur l'eau, mais boit aussi sobrement qu'il mange. Il ne se vautre pas dans la fange et dans l'eau; il craint même de se mouiller les pieds et se détourne pour éviter la boue : aussi a-t-il la jambe plus sèche et plus nette que le cheval. Dans la première jeunesse, il est gai et même assez joli; il a de la légèreté et de la gentillesse, mais il les perd bientôt, soit par l'âge, soit par les mauvais traitements, et il devient lent, indocile et têtu. Du reste, il a les yeux bons, l'odorat admirable, l'oreille excellente. Il marche, il trotte, il galope comme le cheval, mais tous ses mouvements sont petits et beaucoup plus lents. Quoiqu'il puisse d'abord courir avec assez de vitesse, il ne peut fournir qu'une petite carrière pendant un petit espace de temps; et, quelque allure qu'il prenne, si on le presse, il est bientôt rendu.

« L'âne est, peut-être, de tous les animaux, celui qui, relativement à son volume, peut porter les plus grands poids, et, comme il ne coûte presque rien à nourrir et qu'il ne demande pour ainsi dire aucuns soins, il est d'une grande utilité à la campagne, au moulin, etc. Il peut aussi servir de monture; toutes ses allures sont douces, et il bronche moins que le cheval. On le met souvent à la charrue, dans les pays où le terrain est léger, et son fumier est un excellent engrais pour les terres fortes et humides. »

L'âne est donc, comme on le voit, un animal bien injustement dédaigné. Dans l'Orient, où l'on a su lui conserver ses qualités primitives, il se rapproche beaucoup du cheval, par la beauté, l'élégance des formes, la légèreté des allures, la vivacité des mouvements. Il en existe en France une belle race, c'est celle qu'on élève dans le Poitou et qui nous est venue directement d'Afrique par l'Espagne. Certains individus se vendent jusqu'à 6000 francs. La Gascogne fournit une autre race également estimée. Celle-ci, un peu plus haute que la race poitevine, est, en même temps, moins grosse et moins épaisse.

L'ânesse donne un lait souvent employé par les personnes d'une constitution affaiblie. Ce lait renferme très-peu de matière azotée et de matière grasse, mais beaucoup de matière sucrée, et sa composition le rend d'une digestion facile. La peau de l'âne est très-dure et très-élastique; on en recouvre les tambours; on en fait du parchemin pour les tablettes de poche; les Orientaux en fabriquent une variété de *chagrin*.

Le *Mulet* ou *Bardeau* résulte du croisement des espèces asine et chevaline; il tient des deux par sa conformation. A l'âne, il doit sa grosse tête, ses oreilles longues, son tempérament solide; au cheval, sa taille élevée, ses formes élégantes, ses allures vives. Plus sobre que le cheval, plus vigoureux que l'âne, il ne craint ni la chaleur, comme le premier, ni le froid, comme le second; c'est un animal très-précieux dans les pays de montagnes à cause de la sûreté de son pas. On l'emploie, comme l'âne, au labourage et aux divers transports, surtout à ceux de la meunerie. Il s'en fait une exportation considérable pour les colonies et l'Espagne. Les pays d'élevage sont la Gascogne et le Poitou. En 1852, on comptait en France 327,000 mulets et 400,000 ânes ou ânesses; en Espagne, 900,000 mulets.

TRIBU DES PACHYDERMES ORDINAIRES.

Les *Cochons domestiques* reconnaissent comme souche le *Sanglier*, animal qui vit par familles ou solitairement dans les forêts et les marécages de tout l'ancien continent. Le sanglier, d'une manière beaucoup plus prononcée que le cochon, a les canines saillantes et recourbées en forme de défenses. Son corps est hérissé de soies d'une teinte foncée, qui reçoivent un emploi important dans l'industrie. Sa chair est recherchée; mais il ne se laisse pas tuer facilement, et sa chasse est souvent dangereuse. Il vit habituellement de racines, et cause de grands dégâts dans les terres cultivées en fouillant le sol pour y chercher sa nourriture. Il se sert pour cela du prolongement mobile ou *boutoir* qui termine son museau. On appelle *marcassins* les petits du sanglier, et *laie* sa femelle.

Dans les cochons domestiques, le mâle se nomme *verrat*, la femelle, *truie*, et les petits, *porcelets* ou *gorets;* on réserve le nom de *cochons* ou de *porcs* aux individus qui sont impropres à la reproduction de l'espèce.

« De toutes nos espèces domestiques, l'espèce porcine est la plus féconde, la plus facile à élever, à nourrir, à acclimater; la Providence a répandu ces races diverses sur presque toutes les contrées du globe; toutes les substances animales ou végétales sont, pour le porc, des aliments; il supporte la domesticité la plus étroite, et en même temps il sait pourvoir lui-même à sa subsistance quand on la lui laisse chercher : deux qualités bien précieuses, qui ne se rencontrent chez aucun animal. Libre ou retenu en captivité, il offre à son maître un produit assuré; sa graisse est pour les légumes du pauvre un assaisonnement inappréciable; son sang, ses entrailles, tout son corps, en un mot, est utilisé pour la nourriture de l'homme.

« Le porc est facile à apprivoiser; il est reconnaissant des soins qu'on lui donne ; il aime les caresses et les rend avec familiarité. Les manouvriers, qui ordinairement n'élèvent qu'un porc, savent tous que cet animal ne méconnaît jamais la personne qui le soigne. Il se laisse brosser, laver, bouchonner, en témoignant du bien-être évident que la propreté lui procure. Le bain est pour lui tellement nécessaire, la fraîcheur lui est tellement indispensable, qu'il la recherche en se vautrant dans les bourbiers, quand on néglige de lui fournir un moyen plus propre d'apaiser l'ardeur qui le dévore. Sa voracité, qu'on lui reproche quelquefois, est au contraire un moyen admirable que nous a fourni la nature de transformer en substance utile toutes les matières dont refusent de se nourrir nos autres animaux domestiques; sa fécondité est si étonnante, que, d'après le calcul du maréchal Vauban, la production d'une seule truie, après dix générations et dans l'espace de onze années, dépasserait six millions d'individus. » (*Nouvelle Maison rustique.*)

Le principal rapport des cochons domestiques est le lard. Par certains procédés d'engraissement, on est arrivé à produire des animaux dont le poids dépasse 300 kilogrammes. La chair du porc est très-saine, quand elle est fraîche; mais la chaleur l'altère rapidement et lui communique des propriétés nuisibles; aussi, plusieurs législateurs, tels que Moïse et Mahomet, l'ont-ils interdite aux peuples orientaux. Les vers se développent très-facilement dans la

Fig. 37. — Verrat craonnais.

chair du porc, et particulièrement une espèce qui est susceptible de se transformer en *ténia* ou *ver solitaire*. On a constaté que le *ver solitaire* se rencontrait plus fréquemment chez les charcutiers que chez les individus appartenant à d'autres professions.

Les soies de porc et de sanglier s'emploient pour la confection des gros pinceaux des peintres et badigeonneurs; lavées, teintes et tordues, elles acquièrent par l'action de la vapeur des formes ondulées qui les rendent élastiques et propres au rembourrage. Indépendamment de ce que produit la France, nous importons chaque année de l'étranger 200,000 kilogrammes de soies de porc.

Dans quelques localités, le cochon est utilisé comme bête de trait ; on l'attelle à la charrue. En Normandie, on lui fait fouiller la terre autour des pommiers. Dans le Périgord, ce sont les cochons qui sont chargés de la récolte des truffes. Ils sentent à une grande distance les précieux tubercules et les déterrent, en se servant de leur groin comme d'une pioche. Leur trouvaille est récompensée chaque fois par un gland, une châtaigne sèche. En même temps, un coup de bâton qu'on leur donne sur le nez les empêche de manger la truffe.

Il existe en France 5 millions de porcs, dont le poids brut moyen dépasse 100 kilogrammes, le poids en viande nette, 80 kilogrammes, et, chaque année, on importe plus de 350,000 de ces animaux.

On distingue, parmi les races indigènes, la race *normande*, la race *champenoise*, la race *craonnaise*, la race *périgourdine*. L'Angleterre possède des races célèbres par leur énorme embonpoint : telles sont celles d'*Essex*, de *Sussex*, de *Hampshire*, de *Berkshire*, d'*Yorkshire*, de *New-Leicester*; croisées avec nos races indigènes, les races anglaises ont donné d'excellents résultats.

Les *Hippopotames* vivent sur les bords des grands fleuves de l'Afrique centrale, au milieu de la fange et des marécages. Ils se meuvent à terre difficilement, mais ils nagent avec une grande aisance. Leur régime est exclusivement végétal; malgré leur énorme masse et leurs puissants moyens de défense, ils ne sont donc point redoutables pour les autres animaux. L'ivoire de leurs dents est très-blanc et très-dur ; rien n'a pu encore le remplacer pour la fabrication des dents artificielles. La chasse des hippopotames est difficile et périlleuse ; leur peau est presque impénétrable aux balles, et, lorsqu'on les blesse, ils se retournent avec rage contre les barques qui portent les chas-

Fig. 38. — Hippopotame.

seurs, et bien souvent ils les renversent sous leur choc, où les déchirent avec leurs dents.

Les *Rhinocéros* sont des animaux à formes ramassées,

Fig. 39. — Rhinoceros.

dont le corps est recouvert d'une peau impénétrable, et qui sont doués d'une force énorme. Ils sont brutaux, farouches, sans intelligence. Leur régime est herbivore. On en distingue deux espèces; l'une, qui habite l'Afrique et dont le nez porte deux cornes; l'autre, commune dans l'Inde, et qui n'a qu'une corne.

TRIBU DES PROBOSCIDIENS.

Les *Éléphants* sont les plus grands des Mammifères terrestres. L'*Éléphant d'Asie*, très-haut de taille, à petites

Fig. 40. — Éléphant d'Afrique.

oreilles, à front concave, habite les grandes forêts de l'Inde continentale et des îles de Ceylan, de Sumatra et de Bornéo. Les Indiens lui font la chasse pour le prendre vivant et le réduire en domesticité. Nous ne reviendrons pas sur ce qui a été dit à ce sujet dans le cours de l'Année préparatoire. L'*Éléphant d'Afrique* a généralement les défenses plus fortes et les oreilles plus grandes que l'Eléphant asiatique : il est de plus petite taille et son front est bombé. Cette dernière espèce, depuis bien des siècles, n'est plus employée à l'état de domesticité ; on ne la chasse que pour avoir les défenses, qui, sous le nom d'*ivoire*, sont l'objet d'un commerce considérable.

L'ivoire qui provient des éléphants est facile à reconnaître ; les défenses présentent sur leur coupe transversale des stries allant en arc de cercle du centre vers la circonférence, et formant par leur croisement des losanges qui occupent toute la surface de la section. C'est là une particularité qui appartient exclusivement à cette espèce d'ivoire. Les défenses d'éléphant peuvent acquérir de très-grandes dimensions ; on en a vu dont chaque paire pesait jusqu'à 150 kilogrammes. Annuellement, on importe en France plus de 120,000 kilogrammes d'ivoire brut.

Nous rappellerons, en terminant, que les deux grandes espèces de Mammifères fossiles désignées sous les noms de *Mammouths* et de *Mastodontes* appartenaient à la tribu des *Proboscidiens*, et se rapprochaient singulièrement de nos éléphants actuels par les mœurs et par l'organisation.

CHAPITRE X

MAMMIFÈRES INSECTIVORES

Comme caractères généraux, les Mammifères insectivores ne diffèrent guère des carnivores, dont il a été question antérieurement, que par la forme de leurs molaires, hérissées de pointes coniques. Ce sont des animaux faibles et de petite taille, dont l'existence est nocturne, qui se nourrissent d'insectes, et qui s'engourdissent au fond de leur retraite pendant la saison où la nature leur refuse leur pâture habituelle. Nous possédons en France trois insectivores proprement dites; le *Hérisson*, la *Musaraigne* et, enfin, la *Taupe*, à laquelle nous avons consacré un chapitre dans le volume de l'année préparatoire. Il faut joindre à ces espèces un petit groupe de Mammifères dont le régime est tout à fait analogue, mais qui, par suite de la conformation des membres, ont été rangé dans un ordre à part, nous voulons parler des *Chauves-Souris* ou *Chéiroptères*.

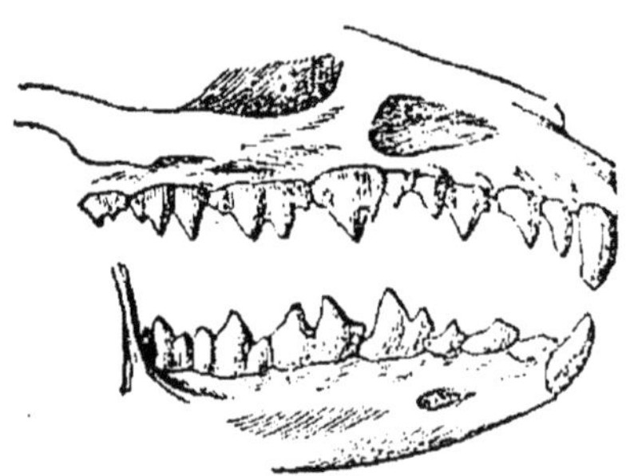

Fig. 41. — Dentition d'un Insectivore.

Le *Hérisson* ne mange de fruits que dans les temps de disette; il se nourrit ordinairemment d'insectes, de rats, de limaçons, de petits reptiles. Il est donc, par là, très-utile à nos jardins, et l'on devrait y encourager sa présence, d'autant mieux que c'est un animal tout à fait inoffensif; les habitants d'Astrakan l'apprivoisent et l'emploient en guise de chat pour donner la chasse aux souris. Le hérisson a des habitudes nocturnes et reste caché pendant le jour entre les pierres ou dans les troncs d'arbres. On le rencontre dans toutes nos campagnes, au voisinage des bois et des haies. L'hiver, il disparaît et s'endort dans

Fig. 42. — Hérisson.

une léthargie analogue à celle de l'ours et des autres mammifères hibernants. Les poils du hérisson, transformés en piquants très-durs et très-acérés, constituent une véritable armure, à l'intérieur de laquelle l'animal vit dans une entière sécurité. Il ne craint ni la martre, ni la fouine, ni le putois, ni le furet, ni la belette, ni les oiseaux de proie. Le renard seul, à force d'adresse, parvient quelquefois à se rendre maître du hérisson. Quant aux chiens, ils ne se soucient guère, en général, de risquer l'attaque.

La *Musaraigne* semble remplir l'intervalle qui existe entre la taupe et la souris. Plus petite encore que cette dernière, elle ressemble à la taupe par le museau, par les yeux, les oreilles, les dents, la forme des membres, etc. L'hiver elle habite les greniers, les écuries, les granges. L'été, elle vit de préférence en plein air, cachée sous les feuilles et la mousse, et ne sortant guère que la nuit. Elle mange quantité d'insectes, mais ne respecte pas toujours les grains. On la découvre facilement à cause de son odeur forte, et on la tue d'autant plus volontiers que sa morsure est considérée comme dangereuse pour le bétail et pour les chevaux. Ce préjugé est sans aucun fondement ; la musaraigne n'est ni venimeuse, ni

Fig. 43. — Musaraigne.

même capable de mordre. La maladie que l'on attribue à sa morsure est une espèce de *charbon*.

Chez les *Chauves-Souris*, deux longs replis de la peau,

Fig. 44. — Chauve-Souris.

étendus de l'extrémité des membres supérieurs à celle des membres inférieurs, forment des sortes d'ailes, qui fonctionnent dans l'air à la façon des ailes des oiseaux. Du reste, toute l'organisation des chauves-souris les rattache de la manière la plus essentielle aux Mammifères : elles ont le corps couvert de poils, elles donnent naissance à des petits vivants et qu'elles allaitent, et leurs mâchoires sont pourvues de dents.

Il a déjà été question des chauves-souris dans le cours de l'Année Préparatoire. Leur existence est nocturne ; elles vaguent le soir, dans l'air, à la poursuite des insectes, sans s'élever jamais à une grande hauteur ; leur vol est pénible, incertain. Leurs yeux sont à peine distincts, et le sens de la vue est, chez elles, très-imparfait. Comme compensation, les impressions du toucher et celles de l'ouïe paraissent être très-délicates. L'hiver, les chauves-souris s'engourdissent ; elles passent la mauvaise saison cachées dans l'intérieur des cavernes ou dans les anfractuosités des rochers. On distingue dans ce groupe un certain nombre d'espèces ; nous ne mentionnerons ici que celles qui habitent nos climats.

Les *Rhinolophes* doivent leur nom aux crêtes en forme de fer à cheval qui surmontent leur nez. Une espèce, le *Grand Fer-à-cheval*, se rencontre fréquemment en France, dans les carrières. — Les *Chauves-souris communes*, dont les oreilles sont médiocres, les *Oreillards*, dont les oreilles sont énormes, fréquentent les clochers, les ruines, les vieux arbres. Tous ces Chéiroptères sont extrêmement voraces et détruisent des quantités énormes d'insectes. Ils nous rendent service par la limitation qu'ils imposent au développement de diverses espèces nuisibles. Leur fiente, amoncelée dans les cavernes qui leur servent de retraite, s'emploie comme le *guano*, et possède la même puissance fertilisante.

CHAPITRE XI

MAMMIFÈRES RONGEURS

Les Rongeurs sont facilement reconnaissables à leur mode de dentition. Chez eux, il n'existe point de *canines;* les *incisives* sont très-saillantes, recourbées en arc de cercle, et pourvues de la faculté de s'accroître indéfiniment pendant toute la durée de la vie, de telle sorte qu'elles repoussent par la base à mesure qu'elles s'usent par le haut. Cette structure est admirablement en rapport avec le régime des Rongeurs, animaux organisés

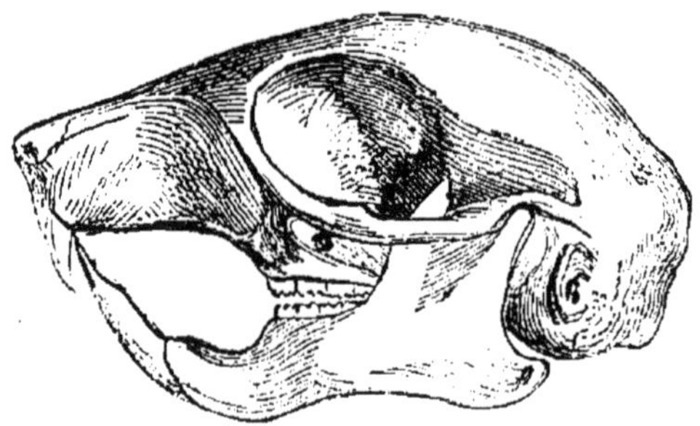

Fig. 45. — Dentition d'un Rongeur.

pour ronger partout et continuellement, et chez lesquels cet instinct domine tous les autres. Il y a quelques années, un castor s'échappa de la ménagerie du Muséum; au lieu de chercher une retraite, il employa sa nuit à scier une vingtaine de poiriers qui se trouvaient voisins de son ex-habitation.

Les Rongeurs ont la lèvre supérieure fendue verticalement, ce qui donne à leur physionomie un caractère particulier; on appelle *bec-de-lièvre* une disposition analogue, que l'on rencontre quelquefois chez l'homme. Les Rongeurs sont, en général, herbivores ou frugivores; quelques-uns, cependant, comme les rats, sont omnivores. Ce sont ordinairement des animaux de petite taille, plutôt organisés pour le saut que pour la marche, et dont le train postérieur est plus élevé que celui de devant. Leur cerveau est peu développé. Ils sont timides, médiocrement intelligents, bien que doués d'instincts très-remarquables. Presque tous sont nocturnes, se creusent des terriers et mènent une existence aux trois quarts souterraine; plusieurs sont aquatiques; il en est, enfin, qui vivent sur les arbres. Ils ont, en général, l'instinct de la prévoyance et entassent pour l'hiver des provisions de graines et de racines bien supérieures à leurs besoins réels. Plusieurs s'engourdissent pendant la mauvaise saison.

De toutes les divisions dont se compose la classe des Mammifères, l'ordre des Rongeurs est celui qui occupe la plus vaste surface géographique. On en trouve des représentants dans toutes les contrées du globe. Le nombre des espèces dépasse six cents; beaucoup peuvent être considérées comme *utiles*, à cause du profit que nous tirons, soit de leur peau comme fourrure, soit de leur chair comme aliment; mais les nécessités de leur régime en font presque toujours des animaux *très-nuisibles* à l'agriculture, surtout à cause de l'instinct qui les porte à amasser. Les espèces qui, parmi les Rongeurs, offrent le plus d'intérêt sont : les *Écureuils*, les *Marmottes*, les *Rats*, les *Loirs*, les *Hamsters*, les *Campagnols*, les *Lemmings*, les *Chinchillas*, les *Castors*, les *Porcs-épics*, les *Cochons d'Inde*, les *Lièvres*, les *Lapins*.

Les *Écureuils* habitent les forêts de l'ancien et du nouveau continent. Ils se nourrissent de fruits et de graines. L'*Écureuil vulgaire* d'Europe est d'un roux vif sur le dos, avec le dessous du corps blanc. Sa douceur le fait rechercher dans les maisons. A l'état sauvage, il se construit sur les vieux arbres une demeure faite de petites bûchettes très-ingénieusement assemblées, et dans laquelle il se trouve, ainsi que sa famille, protégé contre le froid, la pluie et les chats. On a employé les poils de sa longue queue touffue pour la fabrication des pinceaux; mais sa peau est peu estimée comme fourrure. — Le nord de l'Europe fournit une variété de l'écureuil commun dont la fourrure, douce et légère, est l'objet d'un commerce considérable. Dans cette variété, le dos est d'un beau gris-bleuâtre, ce qui tient à la nature du poil, gris foncé à la racine et gris argenté à la pointe; le dessous du ventre est d'un blanc pur. Lorsque la peau est complète, on la nomme *vair*. Lorsqu'elle ne comprend que le dos, c'est le *petit-gris*. Les petits-gris les plus estimés viennent de la Laponie et de la Sibérie. On rencontre des écureuils dans toutes les parties du monde, excepté en Australie.

Les *Marmottes* vivent par troupes dans les parties mon-

Fig. 46. — Marmotte.

tagneuses de l'Europe, de l'Asie et de l'Amérique septentrionale; nous en avons beaucoup dans les Alpes. Elles creusent des terriers profonds, où elles passent la plus grande partie de leur existence, et dans lesquels, à l'automne, elles s'endorment de ce sommeil léthargique particulier aux animaux hibernants. Elles se nourrissent d'herbes et de graines. Ce sont des animaux assez intelligents, et qui font preuve d'un instinct très-développé dans la construction et l'approvisionnement de leurs demeures. Leur chair a mauvais goût, et leur peau donne une fourrure très-médiocre.

La tribu des *Rats* renferme un certain nombre de petites espèces, toutes assez semblables de mœurs, de formes et d'allures. Les *Rats* proprement dits se divisent en *rats noirs* et en *surmulots*. Les rats noirs vinrent en Europe à l'époque des croisades. Pendant plusieurs siècles, ils ravagèrent sans concurrence et la ville et la campagne; mais, il y a cent ans, à peu près, débarquèrent de la Perse quelques individus de l'espèce surmulote, lesquels se multiplièrent si rapidement et firent aux rats noirs une guerre si terrible, que ceux-ci abandonnèrent les villes. Depuis cette époque, les surmulots ont la libre possession de nos caves et de nos égouts. Souvent d'une force et d'un taille égales à celles des chats, ils entrent volontiers en lutte avec ces adversaires. On a dû, pour en venir à bout, dresser certaines races de chiens, qui les combattent avec une rare adresse. Leur nombre est énorme dans les égouts de Paris, et l'on en détruit parfois d'un seul coup plus de 250,000. Leur voracité ne s'arrête devant aucune répugnance; tout aliment leur est bon, et peut-être même, sous ce rapport, nous rendent-ils service en nous débarrassant des immondices dont la corruption infecterait l'atmosphère. Les surmulots, à défaut d'autre nourriture, se mangent les uns les autres. Un médecin racontait qu'ayant enfermé dans une boîte douze surmulots, destinés à des expériences physiologiques, il n'en trouva plus que trois au bout de quelques heures. Ces trois avaient dévoré les neuf autres, et il ne restait des victimes que les queues et des débris épars.

Le *Mulot* est plus petit que le rat et plus gros que la souris. Il habite les champs et enfouit dans son trou des quantités prodigieuses de noisettes, de faînes, de glands ; un seul individu en ramasse parfois plus d'un boisseau. Cet animal fait un tort considérable aux semis de bois; il s'attaque aussi aux meules de blé et aux moissons sur pied. Ce qui le rend encore plus nuisible, c'est que la femelle produit par an plusieurs portées, d'une dizaine de petits chacune. — Le *Mulot nain* fait son nid dans les chaumes debout ; il scie les tiges pour manger les épis.

La *Souris* est originaire d'Europe ; nos vaisseaux l'ont portée, triste présent, dans toutes les parties du monde. Elle habite l'intérieur des maisons, et, indépendamment de son odeur, sa nature omnivore la rend pour nous excessivement incommode. Non contente de ronger et de souiller les provisions de bouche, elle attaque les livres, le linge, les vêtements. Le chat est le meilleur auxiliaire qu'on puisse employer contre les souris ; quelquefois, sa seule présence dans une maison suffit pour les faire disparaître. Les souricières ne sont efficaces que pendant un temps très-court. La pâte phosphorée réussit mieux ; mais c'est une substance dangereuse à manier. Les souris blanches, recherchées pour l'amusement des enfants, sont des individus albinos de l'espèce commune.

Le *Loir* tient à la fois du rat et de l'écureuil. Il vit sur les arbres, se nourrit de fruits et commet de grands ravages dans les vergers et dans les espaliers. — Le *Lérot* et le *Muscardin* appartiennent au même genre, mais sont plus petits, le dernier surtout. Le lérot est très-commun en France ; on le considère comme encore plus nuisible que le loir.

Le *Hamster*, de la grosseur du rat et d'une forme qui rappelle celle de la marmotte, abonde en Allemagne et en Alsace. Pourvu d'abajoues tout à fait analogues à celles des singes et qui lui servent aux mêmes usages, il recherche les céréales et accumule dans son terrier des quantités de vivres considérables. Certaines gens font profession de déterrer les provisions des hamsters, et il n'est pas rare de trouver, dans un seul trou, jusqu'à 100 kilogrammes de blé ou de graines de diverses sortes. Chaque femelle donne par an plus de quarante petits ; cette pullulation est une calamité pour l'agriculture. La peau du hamster est employée comme fourrure.

La tribu des *Campagnols* comprend différentes espèces, toutes nuisibles, et qui causent de grands dégâts dans les champs cultivés. Le *Campagnol ordinaire* ou *petit rat des champs* est souvent confondu avec le mulot. Il est de la grosseur d'une souris ; son pelage est d'un jaune-brun en dessus, et d'un blanc sale sous le ventre. On le trouve dans toute l'Europe et, parfois, il se multiplie d'une façon si extraordinaire que les récoltes sont complétement perdues. Au commencement du siècle actuel, cet animal causa dans la Vendée, en moins de deux ans, des pertes estimées à près de trois millions de francs. Les grandes pluies torrentielles du printemps et de l'automne sont souvent un obstacle au développement des campagnols; elles inondent leurs trous, les noient eux-mêmes et les entraînent. Les petits carnassiers leur font une chasse active, aussi bien que les oiseaux de proie, les chouettes, les buses et même les hérons. On dresse également les chiens à les prendre. Pour les tuer, on empoisonne quelquefois les semences; souvent encore, on fait assommer par des enfants ceux que la charrue découvre, à l'époque des labourages d'automne.

Le *Campagnol souterrain*, malheureusement très-commun dans la Picardie et dans la Belgique, attaque de préférence les jardins potagers. — Le *Campagnol économe* habite la Sibérie; il se construit des terriers si largement approvisionnés, que les misérables peuplades des régions arctiques ont souvent pour unique ressource les vivres qu'elles en retirent. A certains intervalles, ces animaux se réunissent par troupes immenses et opèrent des migrations dans la direction du couchant. Ils franchissent les lacs, les montagnes, les bras de mer; rien n'arrête leur marche; puis, après un voyage de plusieurs mois, ils reviennent sur leurs pas et regagnent, bien diminués en nombre, leurs anciennes demeures. — Le *Campagnol amphibie* ou *rat d'eau* est de la grosseur du rat noir; il habite le bord des rivières, des ruisseaux, des étangs; il se nourrit de racines, de plantes aquatiques, de grenouilles, d'insectes et de petits poissons. Cette dernière circonstance le rend nuisible à l'aménagement des étangs. — Le *Campagnol destructeur* présente à peu près les mêmes caractères et les mêmes mœurs; très-commun en Italie, il a causé, par les galeries qu'il creusait, de grands dommages aux travaux d'endiguement de la Toscane.

Les *Lemmings*, espèce particulière à la Norvége et à la Laponie, sont célèbres par les migrations qu'ils entreprennent, à certaines époques, de la même manière que les campagnols de Sibérie, et sans que l'on puisse mieux en expliquer les causes.

Le *Chinchilla* habite les districts montagneux du Pérou et du Chili; il est à peu près de la grosseur du lapin, et sa tête ressemble à celle de l'écureuil. Il possède une fourrure d'une finesse extrême, dont les poils soyeux se nuancent du gris-ardoise foncé au gris clair. Cette fourrure est très-recherchée; mais on a fait au chinchilla une poursuite si active, que l'espèce s'est trouvée presque anéantie et que le gouvernement a dû momentanément en défendre la chasse. Le chinchilla se nourrit de racines bulbeuses. Il est très-intelligent, très-doux et s'apprivoise facilement.

Les *Castors* ont la queue aplatie et couverte d'écailles, les pieds de derrière palmés et ceux de devant organisés pour courir. Ce sont des animaux essentiellement aquatiques, célèbres par la manière ingénieuse dont ils se construisent des cabanes et des digues, mais qui, en dehors de cette faculté instinctive, ne montrent jamais qu'une intelligence très-bornée. On en rencontre quelques-uns en France et en Allemagne; ce n'est toutefois que dans le nord de l'Amérique qu'ils vivent en troupes nombreuses et qu'ils élèvent ces constructions qui ont excité l'admiration de tous les voyageurs. Nous ne saurions nous refuser au plaisir d'intercaler ici, malgré son étendue, le tableau qu'a tracé Buffon des mœurs et de l'organisation des tribus canadiennes:

« Les castors, dit notre grand naturaliste, commencent par s'assembler au mois de juin ou de juillet pour se réunir en société; ils arrivent en nombre et de plusieurs côtés, et forment bientôt une troupe de deux ou trois cents. Le lieu du rendez-vous est toujours au bord des eaux. Si ce sont des eaux plates et qui se soutiennent à la même hauteur, comme dans un lac, ils se dispensent d'y construire une digue; mais, dans les eaux courantes et qui sont sujettes à hausser ou à baisser, comme sur les ruisseaux, les rivières, ils établissent une chaussée ; et, par cette retenue, ils forment une espèce d'étang ou de pièce d'eau qui se soutient toujours à la même hauteur. La chaussée traverse la rivière, comme une écluse, et va d'un bord à l'autre ; elle a souvent quatre-vingts ou cent pieds de longueur sur dix ou douze pieds d'épaisseur à sa base. Cette construction paraît énorme pour des animaux de cette taille, et suppose en effet un travail immense ; mais la solidité avec laquelle l'ouvrage est construit étonne encore plus que sa grandeur. Ces opérations se font en commun ; plusieurs castors rongent ensemble le pied de l'arbre qui doit être la pièce principale de leur construction ; plusieurs aussi vont ensemble pour en couper les branches lorsqu'il est abattu ; d'autres parcourent en même temps les bords de la rivière et coupent de moindres arbres, les uns gros comme la jambe, les autres comme la cuisse ; ils les dépècent et les scient à une certaine hauteur pour en faire des pieux. Ils amènent ces pièces de bois d'abord par terre jusqu'au bord de la rivière, et ensuite par eau jusqu'au bord de leur construction ; ils en font une espèce de pilotis serré, qu'ils enfoncent en entrelaçant des branches. A mesure que les uns plantent leurs pieux, les autres vont chercher de la terre, qu'ils gâchent avec leurs pieds et battent avec leur queue ; ils la portent dans leur gueule avec les pieds de devant, et ils en transportent une si grande quantité, qu'ils en remplissent tous les intervalles de leur pilotis.

« Leurs petites habitations sont des cabanes ou plutôt des espèces de maisonnettes bâties sur l'eau, sur un pilotis plein, tout près du bord de leur étang, avec deux issues, l'une pour aller à terre, l'autre pour se jeter à l'eau. La forme de cet édifice est toujours ovale ou ronde. Il y en a de plus grands et de plus petits, depuis quatre à cinq jusqu'à huit ou dix pieds de diamètre ; il s'en trouve aussi quelquefois qui sont à deux ou trois étages ; les murailles ont jusqu'à deux pieds d'épaisseur ; elles sont élevées à plomb sur le pilotis plein, qui sert en même temps de fondement et de plancher à la maison. L'édifice est maçonné avec solidité et enduit avec propreté en dedans et en dehors ; il est impénétrable à l'eau de pluie et résiste aux vents les plus impétueux. Les parois en sont revêtues d'une espèce de stuc si bien gâché et si proprement appliqué, qu'il semble que la main de l'homme y ait passé ; aussi leur queue leur sert-elle de truelle pour appliquer ce mortier, qu'ils gâchent avec leurs pieds. Ils mettent en œuvre différentes espèces de matériaux : des pierres, des bois et des terres sablonneuses qui ne sont pas sujettes à se délayer dans l'eau.

« Les bois qu'ils emploient sont presque toujours légers et tendres : ce sont des aunes, des peupliers, des saules, qui naturellement croissent au bord des eaux. Ils préfèrent l'écorce fraîche et le bois tendre à la plupart des aliments ordinaires. Ils en font ample provision pour se nourrir pendant l'hiver ; ils n'aiment pas le bois sec. C'est dans l'eau et près de leurs habitations qu'ils établissent leurs magasins ; chaque cabane a le sien, proportionné au nombre des habitants, qui tous y ont un droit commun et ne vont jamais piller leurs voisins. On a vu des bourgades composées de vingt ou vingt-cinq cabanes : ces grands établissements sont rares, et cette espèce de république n'est le plus souvent composée que de dix ou douze tribus, dont chacune a son quartier séparé.

« Quelque nombreuse que soit cette société, la paix s'y maintient sans altération. Le travail commun a resserré leur union ; les commodités qu'ils se sont procurées, l'abondance des vivres qu'ils amassent et consomment ensemble servent à l'entretenir ; des appétits modérés, des goûts simples, de l'aversion pour la chair et le sang leur ôtent jusqu'à l'idée de rapines et de guerres. Ils jouissent de tous les biens que l'homme ne sait que désirer. Amis entre eux, s'ils ont quelques ennemis au dehors, ils savent les éviter ; ils s'avertissent en frappant avec leur queue sur l'eau un coup qui retentit au loin dans toutes les voûtes des habitations. Chacun prend son parti, ou de plonger dans le lac, ou de se recéler dans les murs, qui ne craignent que le feu du ciel ou le feu de l'homme, et qu'aucun animal n'ose entreprendre d'ouvrir ou de renverser.

« Les castors emploient les mois de juillet et d'août à construire leur digue et leurs cabanes. Ils font leurs provisions de bois et d'écorces dans le mois de septembre ; ensuite ils jouissent de leurs travaux et passent l'automne et l'hiver enfermés dans leurs domiciles. Au printemps, ils se dispersent dans les bois et ne se rassemblent qu'en automne, à moins que les inondations n'aient renversé

Fig. 4[illegible]. — Castor.

leur digue ou détruit leurs cabanes ; car alors ils se réunissent de bonne heure pour en réparer les brèches. Il y a des lieux, qu'ils habitent de préférence, où l'on a vu qu'après avoir détruit plusieurs fois leurs travaux, ils venaient tous les étés pour les réédifier, jusqu'à ce qu'enfin, fatigués de cette persécution et affaiblis par la perte de plusieurs d'entre eux, ils ont pris le parti de changer de demeure et de se retirer au loin, dans les solitudes les plus profondes. C'est principalement en hiver que les chasseurs les cherchent, parce que leur fourrure n'est parfaitement bonne que dans cette saison ; et, lorsque après avoir ruiné leur établissement, il arrive qu'ils en prennent un grand nombre, la société, trop réduite, ne se rétablit pas ; le petit nombre de ceux qui ont échappé à la mort ou à la captivité se disperse ; ils deviennent fuyards ; leur génie, flétri par la crainte, ne s'épanouit plus ; ils s'enfouissent, eux et tous leurs talents, dans un terrier, où, rabaissés à la condition des autres animaux, ils mènent une vie timide, ne s'occupent plus que des besoins pressants, n'exercent que leurs facultés individuelles et perdent sans retour les qualités sociales que nous venons d'admirer. »

Les castors portent sous leur poil, ordinairement roussâtre, un duvet gris d'une extrême finesse et qui est très-recherché. Il n'entre pas un atome de ce duvet dans le tissu des chapeaux dits *castors*, lesquels sont faits uniquement d'un peu de poil de lièvre et de beaucoup de poil de lapin. Les castors, autrefois si nombreux dans toute l'Amérique septentrionale, ont été presque entièrement détruits par les chasseurs indigènes ou européens. Ceux qui restaient ont fui, avec tous les animaux à fourrure, vers les régions polaires.

Les *Porcs-épics* possèdent, comme les hérissons, une armure naturelle, formée de piquants raides et pointus qui hérissent leur peau. Ces piquants ont souvent près d'un demi-mètre de long ; ils portent des anneaux alternativement noirs et blancs. Les porcs-épics sont nocturnes ; ils habitent des terriers et passent l'hiver en léthargie. Ils

Fig. 48. — Porc-épic.

vivent de fruits et d'herbes. On en trouve dans le midi de l'Europe, et leur chair est estimée comme aliment.

Les *Cochons d'Inde* ou *Cobayes* sont originaires des forêts du Brésil. On les élève souvent dans les maisons, parce qu'on suppose, sans trop de fondement peut-être, que leur odeur éloigne les rats. Ce qu'il y a de certain, c'est que cette odeur est peu agréable.

Les *Lièvres* ont les oreilles très-longues; leurs jambes

Fig. 49. — Lièvre.

de devant sont beaucoup plus courtes que celles de derrière; aussi leur marche n'est-elle qu'une sorte de galop, une suite de sauts très-prestes et très-pressés. L'agilité de leur course est la seule ressource que la nature leur ait donnée contre les nombreux ennemis qui les poursuivent, et, sans leur extrême fécondité, la race serait depuis longtemps détruite. La fourrure du lièvre a, pour certains besoins de l'industrie, une valeur considérable. La chair, peu estimée des Orientaux, interdite aux Israélites, est en France, généralement recherchée.

Les lièvres vivent solitairement, mais gîtent à peu de

distance les uns des autres. Lorsqu'on trouve un jeune levraut dans un endroit, on est presque sûr d'en trouver encore un ou deux aux environs. Ils se nourrissent d'herbes, de racines, de feuilles, de fruits, de graines; ils rongent même l'écorce des arbres. Ils dorment ou se reposent pendant le jour, et ne vivent, pour ainsi dire, que la nuit. C'est pendant la nuit qu'ils se promènent et qu'ils mangent. On les voit, au clair de la lune, jouer ensemble, sauter et courir les uns après les autres; mais le moindre mouvement, le bruit d'une feuille qui tombe, suffit pour les troubler; ils fuient chacun d'un côté différent.

Les *Lapins*, un peu moins grands que les lièvres, ont les oreilles et la queue plus courtes; leur chair est beaucoup plus blanche et d'un goût tout à fait particulier. Leur fécondité est encore plus grande : on a calculé qu'un seul couple, en quatre années, pourrait produire jusqu'à douze cent mille individus. Dans les pays qui leur conviennent, ces animaux se multiplient si prodigieusement que la terre a peine à suffire à leur subsistance; c'est ce qui arrive, paraît-il, en ce moment, dans plusieurs provinces de l'Australie.

Dans nos contrées, les agriculteurs placés au voisinage des bois où l'on conserve des lapins pour la chasse supportent chaque année, par le fait de leurs déprédations, des pertes très-considérables, et l'on s'est bien souvent demandé si les intérêts de l'agriculture n'exigeaient pas l'extermination d'un gibier aussi incommode. Cette espèce a pour elle, indépendamment de son utilité comme aliment sain et peu coûteux, les services qu'elle rend à l'industrie. Le duvet du lapin sert à la confection des feutres; la fourrure, après avoir subi diverses préparations, prend les noms des fourrures beaucoup plus précieuses qu'elle est destinée à remplacer.

L'éducation des lapins se fait dans des garennes libres, forcées ou domestiques. Les *garennes libres* ne peuvent exister dans les pays cultivés; elles obligeraient les habitants à fuir. Mais, dans les montagnes sablonneuses et incultes, dans les dunes du bord de la mer, la multiplication des lapins est sans inconvénient. On appelle *garennes forcées* des espaces clos, d'une étendue souvent très-considérable, où l'on enferme des lapins de manière qu'ils ne puissent se répandre au dehors. Les lapins qui proviennent de ces garennes sont d'une couleur grise uniforme ; leur chair est beaucoup plus estimée que celle des lapins élevés dans des *garennes domestiques* ou *clapiers*, c'est-à-dire dans de petites loges adossées à l'habitation. Ce dernier mode, cependant, n'est point à dédaigner ; car, tout en utilisant des débris et des herbes sans valeur, il fournit aux habitants des campagnes un assez notable supplément de revenu. Lorsque les lapins sont tenus sèchement, proprement, lorsqu'il n'y a point d'encombrement, qu'ils sont bien séparés les uns des autres, et qu'ils sont bien nourris en même temps, cette industrie présente des chances assurées de succès. Un clapier composé seulement de huit mères peut donner, par an, au moins deux cents lapins. C'est l'hiver surtout que la dépouille de l'animal a de la valeur ; l'été, elle perd, à cause de la mue, la moitié de son prix. Parmi les différentes races de lapins, on peut citer la race *angora*, très-répandue entre Angers et Saumur, dont le duvet est d'une remarquable finesse, mais dont la chair est médiocre.

CHAPITRE XII

MAMMIFÈRES AQUATIQUES

Un certain nombre de Mammifères ont une existence plus ou moins aquatique, et, par suite, se rapprochent plus ou moins des poissons par divers caractères extérieurs; cependant, ils se rattachent essentiellement à la classe dans laquelle on les a rangés : 1° par l'existence de mamelles et par l'allaitement des petits; 2° par l'existence de poumons et la nature aérienne de la respiration; 3° par la disposition de l'appareil circulatoire et la division du cœur en quatre cavités; 4° enfin, par l'existence de poils, du moins, chez la plupart. Il a été question du *Castor* dans le chapitre des Rongeurs. et de la *Loutre* dans le chapitre des Carnivores proprement dits. Chez ces deux espèces, la palmure des pattes, l'aplatissement de la queue indiquent déjà des habitudes moins terrestres que celles des espèces voisines; il serait néanmoins difficile de les isoler complétement des groupes avec lesquels ils offrent tant d'affinité d'organisation. Il n'en est plus de même des Mammifères dont il nous reste à parler, animaux pour lesquels l'eau devient le milieu indispensable, et dont la plupart ne sauraient vivre qu'un temps très-limité hors de cet élément. Telles sont les diverses espèces comprises dans l'ordre des *Amphibies* et dans l'ordre des *Cétacés*.

ORDRE DES AMPHIBIES.

Les Amphibies se rapprochent des carnassiers terrestres par leur dentition généralement complète, leurs molaires tranchantes, leur régime carnivore; ils s'en séparent très-nettement, d'un autre côté, par la conformation de leurs membres, qui sont courts, disposés en nageoires, peu propres à la locomotion terrestre; par celle de leur corps, allongé comme celui des poissons; leur tête est semblable à celle du chien. Nous nous occuperons des *Phoques*, des *Otaries* et des *Morses*.

Les *Phoques* sont intelligents, faciles à apprivoiser; on peut les conserver fort longtemps en captivité; souvent même on leur donne une sorte d'éducation. Ils se nourrissent de poissons et de crabes, et vivent par troupes au voisinage des côtes, tantôt se jouant sur les flots, tantôt se reposant sur les bancs de sable que le reflux met à dé-

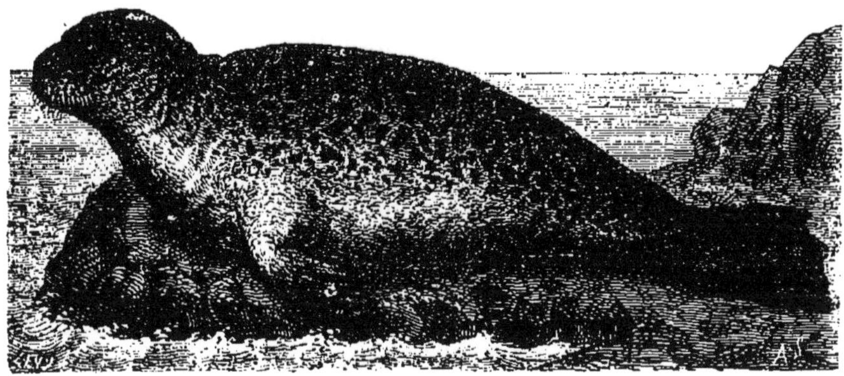

Fig. 50. — Phoque.

couvert. L'épaisse couche de graisse dont leur corps est entouré diminue dans l'eau leur poids spécifique, et ils ne paraissent avoir besoin d'aucun effort pour se soutenir. Leur taille varie suivant les espèces; les uns n'ont qu'un mètre de long; d'autres atteignent jusqu'à dix mètres, sur six mètres environ de circonférence. Tous fournissent, en proportion de leur volume, une énorme quantité de graisse; aussi leur fait-on une guerre très-active. Leur peau, garnie d'un poil court et imperméable dans l'eau, est connue sous le nom de *veau marin*.

Le *Phoque callocéphale* ou *Veau marin* se rencontre dans toutes les mers du Nord. C'est lui que l'on prend le plus souvent sur les côtes de la Manche et de l'Océan. Son poil est d'un gris jaunâtre, passant au brun en dessus; sa taille ne dépasse point un mètre et demi. Sur les côtes de l'Amérique, on en tue chaque année des quantités énormes. — Le *Moine* ou *Phoque à ventre blanc* a le double de longueur; il habite la Méditerranée. — Le *Phoque à trompe, Éléphant marin* des voyageurs, est le plus grand de tous les phoques; sa taille dépasse dix mètres, et il pèse souvent plus de mille kilogrammes. Sa chair est bonne à manger. — Les *Otaries* ont une oreille externe, ce qui les distingue des phoques proprement dits. En même temps, leurs membres sont plus libres, et leur démarche sur la terre est moins embarrassée. Ils habitent les mers australes et l'océan Pacifique. Une certaine analogie de formes leur a valu les noms de *Lions marins*, d'*Ours marins*, etc. La fourrure de plusieurs espèces est recherchée.

Les *Morses* portent à la mâchoire supérieure une paire de canines très-grosses et très-longues dont ils se servent comme moyen de défense; à l'aide de ces dents, ils s'accrochent aux rochers pendant leur sommeil, et ils arrachent les herbes marines dont ils font leur principale nourriture. Les morses ont la même forme générale que les phoques, la même difficulté à marcher, la même aptitude pour la nage; ils ont à peu près les mêmes mœurs. Leur taille varie entre cinq et six mètres. Ils fournissent des quantités de graisse très-considérables, et leur peau est utilisée pour la carrosserie. On emploie l'ivoire de leurs défenses, bien qu'il soit très-inférieur à celui de l'éléphant. Ils habitent au milieu des glaces dans les mers polaires. Leur chasse est dangereuse; quelquefois ils attaquent par troupes les embarcations, et, avec leurs puissantes défenses, ils parviennent à en défoncer les bordages.

ORDRE DES CÉTACÉS.

Chez les Cétacés, il n'existe point de membres postérieurs, et les membres antérieurs sont transformés en nageoires; la queue, également couvertie en nageoire, ne diffère de la queue des poissons qu'en ce qu'elle est aplatie horizontalement, au lieu de l'être verticalement. Chez la plupart des Cétacés, il existe en outre une nageoire dorsale plus ou moins développée. Bien que ces animaux vivent dans l'eau, ils se rattachent, nous devons le répéter, par tous les caractères essentiels de l'organisation, à la classe des Mammifères; ils respirent par des poumons; ils ont un cœur divisé en quatre cavités distinctes, et, par conséquent, une circulation double et complète; enfin, ils donnent naissance à des petits vivants et qu'ils allaitent. C'est parmi les Cétacés qu'on rencontre les plus grandes espèces connues; nous citerons dans ce groupe : les *Dauphins*, les *Marsouins*, les *Narvals*, les *Baleines*, les *Cachalots* et les *Lamantins*.

Les *Dauphins* sont très-carnassiers; ils suivent par

Fig. 51. — Dauphin vulgaire.

troupes les navires et dévorent les poissons attirés par les débris qu'on jette à tout instant à l'eau. Peut-être n'a-t-il pas fallu d'autres motifs pour faire croire que ces animaux avaient de la sympathie à notre endroit. Toujours est-il qu'on n'a jamais vu se renouveler, de nos jours, ces traits de dévouement et d'affection que les anciens nous ont transmis dans leurs histoires. Les dauphins sont très-communs sur le littoral méditerranéen; ils le sont moins dans l'Océan et dans la Manche. Leur longeur moyenne est de trois mètres.

Les *Marsouins*, beaucoup plus petits, abondent sur nos

côtes et nuisent aux pêcheurs, dont ils déchirent les filets Ils fournissent de l'huile comme les dauphins, et leur chair était autrefois très-estimée. Ces animaux remontent souvent les rivières.

Les *Narvals* habitent parmi les glaces de l'Océan polaire; leur structure et leur taille gigantesque les rapprochent beaucoup des cachalots. Ils sont particulièrement remarquables par l'énorme défense qu'ils portent à la mâchoire supérieure. Cette défense dépasse souvent cinq mètres. Les narvals, malgré cette arme formidable, sont des animaux pacifiques et se nourrissent de mollusques et de poissons.

Nous renverrons, pour tout ce qui concerne les *Cachalots* et les *Baleines*, au chapitre X du cours de l'Année préparatoire.

Les *Lamantins* appartiennent à la section des Cétacés herbivores. Ce sont de très-grands animaux, dont la longueur dépasse souvent six mètres et le poids quatre mille kilogrammes. Ils vivent sur les côtes américaines de l'océan Atlantique et fréquentent l'embouchure des grands fleuves. Ils se rassemblent en troupes nombreuses, et leur caractère paraît doux et sociable.

CHAPITRE XIII

ÉDENTÉS, MARSUPIAUX, MONOTRÈMES.

Nous venons de passer en revue, dans l'ordre indiqué par le programme, les principaux groupes entre lesquels se trouvent répartis les animaux mammifères. Cependant, il n'a pas encore été question d'un certain nombre d'espèces exotiques, qui n'ont pour nous qu'un intérêt de curiosité, mais qu'on ne pourrait cependant laisser tout à fait de côté, car il en est très-souvent question dans les récits des voyageurs. Ces espèces se rattachent à trois ordres : l'ordre des *Édentés*, l'ordre des *Marsupiaux* et l'ordre des *Monotrèmes*.

ORDRE DES ÉDENTÉS.

Les mammifères qui composent cet ordre ont pour caractère commun l'absence de dents sur le devant de la bouche ; quelques-uns même sont complétement dépourvus de dents. Comme compensation, leurs ongles sont, en général, très-développés. Tous sont étrangers à l'Europe.

Nous mentionnerons parmi les Édentés : les *Paresseux*, les *Tatous*, les *Pangolins*, les *Fourmiliers*.

Le *Paresseux* est une espèce de singe difforme, à peu près de la taille d'un chat, dont les membres sont impropres à la marche et qui vit suspendu aux branches. Dans ses conditions naturelles d'existence, c'est-à-dire lorsqu'il s'agit de grimper, de se mouvoir à travers le feuillage, cet animal fait preuve d'une incontestable activité ; mais, lorsqu'il se trouve accidentellement à terre, les choses changent de face. Ses longs bras, ses énormes griffes, qui lui donnaient tant de facilité pour s'accrocher, lui deviennent maintenant un embarras; ses muscles, faits pour la suspension, se prêtent mal à la marche; il se traîne péniblement sur le sol, et des voyageurs ont pu prétendre, sans trop

Fig. 52. — Paresseux.

d'exagération, qu'il lui faudrait bien trois mois pour faire une lieue. De là le nom qui lui a été donné. Cet animal est commun dans les forêts de la Guyane ; sa chair est assez estimée.

Les *Tatous* possèdent une enveloppe écailleuse qui re-

Fig. 53. — Tatou.

couvre leur corps à la manière d'une cuirasse, et par

laquelle ils se trouvent presque aussi bien garantis que peuvent l'être les hérissons et les porcs-épics. Ils sont nocturnes, fouisseurs et très-inoffensifs. Ils se nourrissent d'insectes, de limaçons, mais recherchent par-dessus tout la chair corrompue. Ils habitent l'Amérique méridionale.

Les *Pangolins* ont, comme les tatous, le corps revêtu

Fig. 54. — Pangolin.

d'une armure écailleuse; mais ils sont absolument dépourvus de dents et réduits à vivre de fourmis, qu'ils attrapent

Fig. 55. — Fourmilier tamanoir.

par centaines au moyen de leur langue visqueuse. Ils habitent les parties les plus chaudes de l'ancien continent.

Les *Fourmiliers* n'ont pas de dents; leur museau est allongé en forme de trompe, et leur langue visqueuse, qui a parfois plus d'un demi-mètre de longueur, leur sert pour happer les fourmis et les termites, après qu'ils ont effondré les habitations de ces insectes au moyen de leurs ongles puissants. Les Fourmiliers se trouvent dans l'Amérique méridionale. On en distingue plusieurs espèces, telles que le *Tamanoir*, le *Tamandua*, etc.

ORDRE DES MARSUPIAUX.

Dans l'ordre des Marsupiaux, les femelles portent autour des mamelles une poche (en latin *marsupium*), destinée à renfermer leur progéniture. Cette disposition est nécessaire, car les petits naissent dans un état trés-imparfait, et doivent rester pendant un certain nombre de jours

Fig. 57. — Kangourou.

fixés aux mamelles de la mère. La poche est supportée

par des os particuliers qui s'élèvent de la partie antérieure du bassin, qui existent aussi chez les mâles, et que l'on nomme *os marsupiaux*. Les seules espèces intéressantes pour nous sont les *Sarigues* et les *Kangourous*.

Les *Kangourous* vivent par troupes sur la lisière des grandes forêts de l'Australie. Il s'en trouve de toutes les tailles; une espèce a jusqu'à deux mètres de haut. Les jambes de devant sont, chez eux, beaucoup plus courtes que celles de derrière. Celles-ci, terminées par une sorte de sabot, servent seules pour la locomotion, qui est des plus singulières et qui consiste en une série de sauts. La queue, longue et fortement charpentée, fonctionne comme un ressort pour aider à la propulsion. La chair des Kangourous est bonne à manger; la fourrure a quelque valeur. Ces mammifères sont doux et inoffensifs. On pourrait les introduire et les multiplier en France; le climat leur est favorable, et ce serait, à coup sûr, un gibier attrayant.

Les *Sarigues* habitent exclusivement l'Amérique. Ces

Fig. 58. — Sarigue mâle; Sarigue femelle et ses petits.

animaux, de petite taille, grimpeurs et nocturnes, se nourrissent de tout, volailles, insectes, fruits, végétaux, etc. Leur aspect est désagréable ; ils exhalent une odeur fétide.

ORDRE DES MONOTRÈMES.

Cet ordre, établi pour deux petites espèces, confinées dans le continent australien, forme une transition entre la classe des mammifères et celle des oiseaux. En effet, l'é-

Fig. 59. — Ornithorhynque.

paule des monotrèmes a la même structure que celle des oiseaux et des reptiles; leur système urinaire est pareil à celui des oiseaux; enfin, leurs mâchoires, au lieu de dents, portent un bec corné.

Les *Ornithorhynques* ont une existence à demi aquatique; ils habitent les bords des lacs et des cours d'eau. Les Anglais de l'Australie les appellent *Taupes de rivière*, et, bien que leur taille soit plus considérable, ils présentent une certaine analogie avec notre fouisseur européen. — Les *Échidnés* ressemblent aux hérissons; mais ils ont le museau plus allongé et les piquants plus forts. Leur bec est pointu, tandis que celui de l'ornithorhynque est aplati tranversalement. Ces monotrèmes creusent des terriers dans le sable et vivent d'insectes.

BOTANIQUE

CHAPITRE XIV

ORGANES FONDAMENTAUX. — LA RACINE

Les végétaux sont des corps organisés, doués de la vie, de la faculté de sentir et de celle de se mouvoir volontairement. Nous avons à nous occuper, dans le cours de la première année, de l'étude des organes qui remplissent chez ces êtres les fonctions nécessaires à l'entretien de la vie, à l'accroissement de l'individu et à la propagation de l'espèce. Malgré les différences considérables que l'on observe dans le règne végétal, au point de vue des formes extérieures, on peut dire, néanmoins, d'une manière générale, que le plus grand nombre des plantes possède les parties désignées dans le langage vulgaire sous le nom de *racine*, de *tige* et de *feuilles*, et qu'il s'y joint, chez le plus grand nombre également, d'autres parties, les *fleurs*, auxquelles succèdent habituellement les *fruits*. Ces parties, en quelque sorte fondamentales, ont fourni des caractères suffisants pour qu'il fût possible de distribuer les végétaux en trois embranchements : les *Dicotylédones*, les *Monocotylédones* et les *Acotylédones*. La classification naturelle a pour point de départ l'établissement de ces grandes catégories.

LA RACINE

On donne communément le nom de *racine* à la partie du végétal qui est enfouie dans le sol. Cependant, chez beaucoup d'espèces, telles que les asperges et les pommes de terre, une notable partie de la tige se trouve enfouie, aussi bien que la racine, et, par conséquent, le caractère dont nous venons de parler ne trouverait point ici son application. Ce qui est exact, c'est que, dès la germination, la racine et la tige se dirigent chacune dans un sens opposé, et que, le plus ordinairement, la racine tend à s'enfoncer dans le sol, tandis que la tige prend la direction contraire. Indépendamment de cette opposition dans les tendances naturelles, plusieurs détails de structure, sur lesquels il serait inopportun d'insister maintenant, concourent à séparer nettement ces deux éléments essentiels de la plante.

Les racines présentent une grande diversité dans leurs

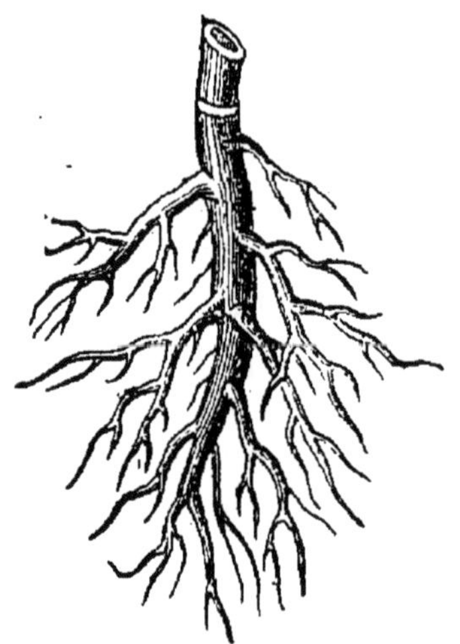

Fig. 60. — Racine rameuse d'un jeune Orme.

Fig. 61. — Racine fibreuse du Paturin.

formes, et cette diversité s'est accrue encore par suite des modifications intelligentes qui ont été le résultat de la culture. Il suffit, pour le constater, de comparer la carotte et la betterave sauvages aux variétés cultivées des mêmes espèces. Cependant, toutes les formes de racines peuvent être ramenées d'une manière générale à deux types : 1° les *racines pivotantes*, c'est-à-dire celles qui se composent d'un axe faisant suite directement à la tige et portant ou non des ramifications ; 2° les *racines fasciculées*, c'est-à-dire celles qui sont réunies en faisceau à la terminaison de la tige. Les racines pivotantes ramifiées ont reçu le nom de *racines rameuses*, et l'on a donné celui de *racines fibreuses* aux racines fasciculées qui se composent d'un grand nombre de filaments très-grêles et très-allongés.

Les différences dans la forme des racines expliquent certaines pratiques des agriculteurs. Lorsqu'il s'agit de faire croître dans le même terrain deux sortes de plantes sans qu'elles se nuisent, on sème une plante à racines pivotantes, comme le trèfle ou la luzerne, avec une plante à racines fasciculées, comme l'avoine ou l'orge. La première enfonce sa racine dans le sol et prend sa nourriture à une grande profondeur ; la seconde dissémine ses racines au voisinage de la surface.

Lorsque, dans une même pièce de terre, différentes cultures doivent se succéder, on alterne les plantes à racines fasciculées avec les plantes à racines pivotantes. C'est ainsi que le blé peut succéder à la betterave.

Lorsqu'il s'agit de choisir un terrain convenable pour une plante, c'est la qualité du sol profond qu'il faut examiner, si la plante a une racine pivotante ; c'est, au contraire, la qualité de la surface, si la racine est fasciculée. On comprend ainsi comment des plantes à racines pivotantes très-allongées peuvent prospérer dans des sols mauvais à la surface, mais qui s'améliorent à une certaine profondeur.

Il existe un moyen fort simple de transformer une racine pivotante en racine fasciculée ; ce moyen consiste à supprimer une partie du pivot. De cette façon, la racine principale est arrêtée dans son développement et produit des racines secondaires qui s'étendent au loin.

Relativement à leur durée, les racines présentent des différences très-notables. Les unes sont *annuelles* et leur existence, comme celle de la plante, ne se prolonge pas au delà d'une année. D'autres sont *bisannuelles;* la plante dont elles font partie dure deux ans et ne fructifie que dans le courant de la seconde année. Enfin, les racines *ligneuses*, qui sont celles de nos arbres et de nos arbrisseaux, persistent concurremment avec la tige et s'accroissent comme elle.

Indépendamment des racines qui forment la terminaison de la tige et que l'on pourrait appeler *racines normales*, il en est d'autres qui se développent sur la tige ou sur les dépendances de la tige, et que l'on appelle *racines adventices*. Dans le blé, dans le chiendent, la partie couchée de la tige donne naissance à des racines adventices qui viennent en aide aux racines proprement dites. Dans le lierre, il se développe sur différents points de la tige des sortes de racines aériennes, qui s'enfoncent dans les murs contre lesquels la plante est appliquée. Si le lierre a été disposé en bordure, comme on le fait souvent aujourd'hui dans les jardins publics, ces racines adventices pénètrent dans le sol et forment un réseau inextricable.

Les racines adventices se développent principalement sur les points de la tige qui sont en contact avec la terre humide. C'est ce que l'on remarque très-bien sur les plantes qui émettent à fleur du sol des prolongements ou *coulants*, les fraisiers, par exemple. Lorsque l'on veut produire des racines adventices à la base d'une tige, soit pour donner plus de vigueur à la plante, soit parce que les racines mêmes ont une valeur commerciale, on *butte* la tige, c'est-à-dire que l'on accumule autour de la base une certaine quantité de terre végétale ou *humus*

CHAPITRE XV

LA TIGE

Dès la germination, la tige se distingue de la racine par sa direction ascendante, et parce qu'elle porte des feuilles à un degré plus ou moins avancé de développement. Jamais la véritable racine ne porte de feuilles d'aucune sorte.

Chez les arbres de nos climats, on distingue du premier coup d'œil dans la tige : une moelle, une zone ligneuse, une zone corticale. Cette distinction est facile à constater sur les tiges ligneuses à grosse moelle, telles que celles du sureau, du marronnier, du noyer, etc., et sur les tiges herbacées un peu charnues, surtout au moment de l'accroissement, alors que l'écorce se sépare facilement du bois qu'elle recouvre.

Les trois zones que nous venons d'indiquer présentent, au point de vue des caractères extérieurs, des différences dont nous pouvons nous rendre compte par l'étude de la constitution de leurs tissus. Disons d'abord que les organes élémentaires qui composent ces tissus sont susceptibles d'être ramenés à trois formes : la *cellule* ou *utricule*, *la fibre* et le *vaisseau*.

Les *cellules* sont des sortes de sacs, de figure et de dimension variables, mais toujours beaucoup trop petits pour qu'on puisse les distinguer à l'œil nu ; leur réunion constitue un tissu particulier, auquel on a donné le nom de tissu *cellulaire* ou *utriculaire*, et quelquefois celui de *parenchyme*. Lorsque les cellules ne sont point serrées les unes contre les autres, elles conservent la forme sensiblement sphérique qui paraît leur être naturelle. Dans cette circostance, elles laissent entre leurs points de jonction de petits intervalles que l'on nomme *méats intercellulaires*. Lorsque les cellules sont, au contraire, pressées les unes contre les autres, elles perdent leur forme arrondie et prennent l'aspect de cubes, de prismes, de dodécaèdres, etc. Au milieu du tissu cellulaire, on rencontre fréquemment des espaces vides plus ou moins considérables, résultant de la destruction d'une ou de plusieurs cellules. Ces espaces vides,

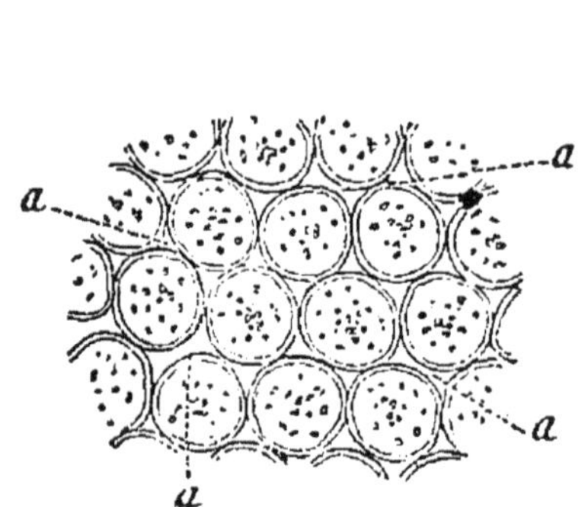

Fig. 62. — Tissu cellulaire. *aa*, méats intercellulaires.

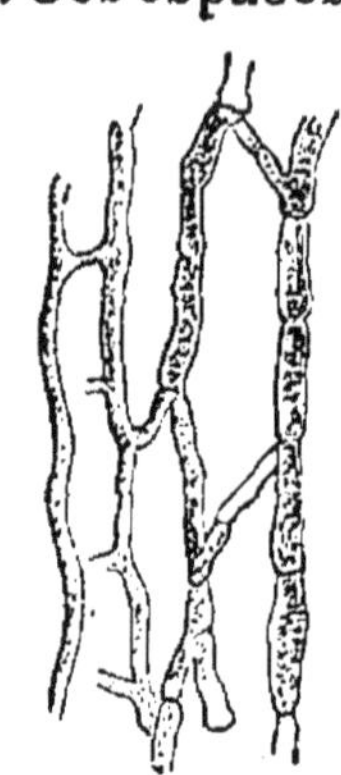

Fig. 63. — Système de canaux formés par les lacunes.

que l'on nomme *lacunes*, peuvent s'étendre et se prolonger en forme de conduits, et, lorsqu'ils communiquent les uns avec les autres, il en résulte tout un système de canaux dans lesquels circulent certains sucs dont nous aurons plus tard à nous occuper.

L'enveloppe des cellules est généralement formée de plusieurs couches concentriques. Les couches intérieures présentent des solutions de continuité, des sortes d'éraillements, souvent d'une régularité extraordinaire. De là, les différences que l'on constate lorsqu'on examine les cellules au microscope. Les unes présentent alors des ponctuations, les autres des stries ou des anneaux, d'autres, enfin, des spirales.

Les parois des cellules sont composées essentiellement par une matière organique voisine de l'amidon, la *cellulose*. A l'intérieur, on trouve un liquide mucilagineux tenant en dissolution de la dextrine et différentes espèces de gommes et de sucres. Ce même liquide tient en suspension des grains de fécule, et, dans les parties vertes, d'autres grains beaucoup plus petits, appartenant à une matière colorante spéciale, la *chlorophylle*. On rencontre encore dans les cellules des matières azotées sous différentes formes, et très-fréquemment des cristaux salins, résultant de l'action des acides produits par la végétation sur les alcalis qui montent du sol avec la séve. Ces cris-

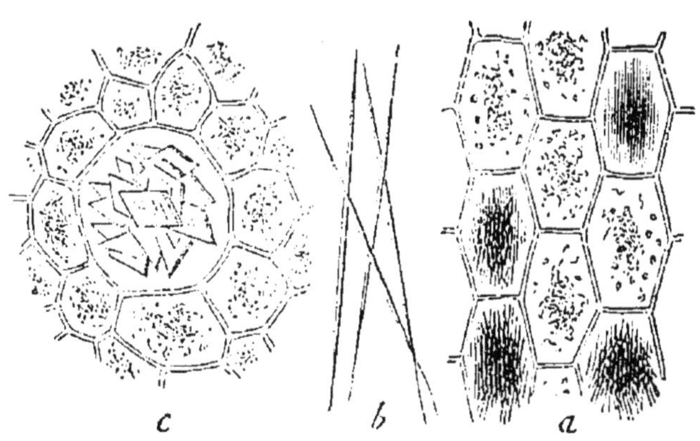

Fig. 64. — *a*, 5 cellules remplies de chlorophylle et 4 contenant des faisceaux de raphides. — *b*, cristaux isolés. — *c*, cellules remplies de chlorophylle entourant une cellule remplie de raphides.

taux microscopiques s'appellent des *raphides*. Les cellules, dans la fleur, renferment des matières colorantes et, en même temps, des huiles essentielles, incessamment renouvelées à mesure qu'elles s'évaporent.

Les *fibres* sont des cellules très-allongées, effilées aux deux bouts, beaucoup moins variées dans leurs formes que les cellules proprement dites, mais présentant la même diversité d'apparence, c'est-à-dire tantôt ponctuées, tantôt striées ou spirales. Leurs parois, naturellement épaisses, s'incrustent intérieurement d'une substance très-dure, insoluble dans l'eau, la *sclérogène*. Cette substance, au bout d'un certain temps, finit par remplir toute la cavité, et c'est ainsi que les fibres deviennent de plus en plus solides et résistantes avec les années. L'assemblage des fibres constitue le tissu *fibreux* ou *ligneux*, dont le bois est presque entièrement composé.

Les *vaisseaux* sont formés par des séries de fibres ou de cellules ajoutées bout à bout. Les cloisons qui séparaient ces fibres ou ces cellules ont disparu, de telle sorte qu'il ne reste plus qu'un long tube, s'étendant parfois sans interruption d'une extrémité à l'autre du végétal. La surface des vaisseaux présente naturellement les mêmes

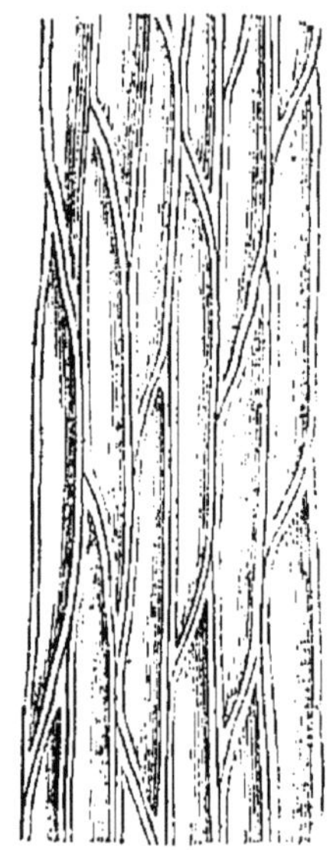

Fig. 65. — Disposition du tissu fibreux.

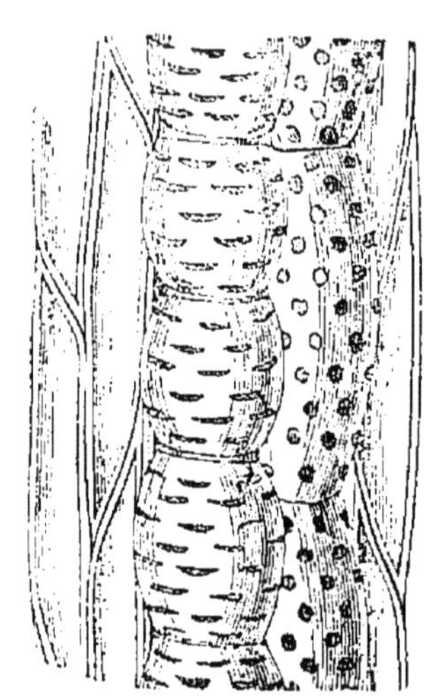

Fig. 66. — Vaisseaux moniliformes au milieu de fibres ligneuses.

variétés d'aspect que l'on trouve dans les fibres et dans les cellules, et ce caractère a servi pour les partager en vaisseaux *ponctués*, *rayés*, *annulaires*, *réticulés* et *spiraux*.

Les vaisseaux *ponctués* portent des ponctuations à leur surface; lorsque ces conduits sont interrompus de distance en distance par des étranglements réguliers qui leur donnent l'aspect d'un chapelet, on les appelle *moniliformes* ou *vermiformes*, des mots latins *monile*, collier, et *vermis*, ver.

Les vaisseaux *rayés* portent des stries. Souvent ces stries figurent assez bien les barreaux d'une échelle, et l'on donne alors aux vaisseaux le nom de vaisseaux *scalariformes*, du mot latin *scala*, échelle.

Les vaisseaux *réticulés* présentent à leur surface une

sorte de réseau ou réticulation ; les vaisseaux *annulaires*, des anneaux plus ou moins complets. Enfin, les vaisseaux *spiraux* se composent d'un cylindre membraneux, sur le contour intérieur duquel s'enroule un fil spiral aussi régulièrement disposé qu'un élastique de bretelle. Les vaisseaux annulaires et réticulés sont fréquemment désignés sous le nom de *fausses trachées* ; les vaisseaux spiraux,

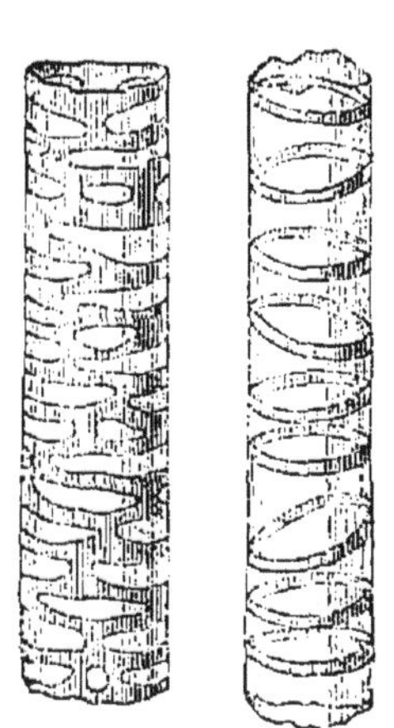

Fig. 67. — Vaisseau réticulé et vaisseau annulaire.

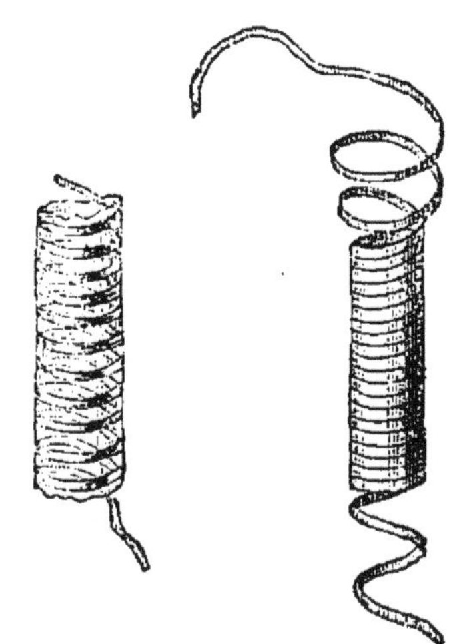

Fig. 68. — Fragments de vaisseaux spiraux.

sous celui de *vraies trachées*. L'emploi de ces dénominations indique une analogie de structure avec les vaisseaux aérifères des insectes.

L'étude des organes élémentaires et des tissus formés par ces organes nécessite l'emploi d'instruments grossissants d'une certaine puissance d'amplification. Il est possible aujourd'hui de se procurer, pour un prix très-modéré, des microscopes donnant un grossissement de cent cinquante à deux cents diamètres. Il sera donc facile aux professeurs de montrer à leurs élèves :

Les cellules qui forment le parenchyme, et qui renferment la fécule, l'huile, le sucre, etc.

Les fibres ligneuses ou corticales qui constituent le bois et les fibres texiles de l'écorce ;

Les vaisseaux qui forment des canaux continus qu'on

aperçoit aisément dans certaines tiges, la tige de la vigne, par exemple ; les trachées déroulables, déjà manifestes à l'œil lorsque l'on brise une jeune branche avec précaution.

Cette première étude faite, on sera conduit immédiatement à constater la différence de proportion des divers tissus, suivant la nature et la destination des tiges ou des racines; on verra le tissu cellulaire très-développé dans les plantes herbacées et dans les tiges souterraines; les fibres ligneuses, dans les arbres, auxquels elles donnent leur solidité ; les fibres corticales, flexibles et résistantes, très-distinctes dans le chanvre, le lin, l'ortie, etc. ; les vaisseaux très-développés et très-apparents dans les lianes ou plantes grimpantes vivaces : vigne, clématite, aristoloche, etc.

La tige présente, chez les mousses, une structure très-simple ; elle est formée d'une agglomération de cellules. Chez les fougères, les cellules prédominent encore, bien qu'au milieu d'elles se montrent quelques faisceaux de fibres, constituant une charpente solide. A mesure que l'on s'élève dans l'échelle végétale, on rencontre une complication de plus en plus grande ; néanmoins, si l'on ne considère que les végétaux supérieurs, les différentes variétés de tiges peuvent être rapportées à trois types, dont le palmier, le bambou, l'érable fournissent des exemples bien caractérisés.

La coupe verticale d'une tige de palmier nous montre que cette tige se compose d'un nombre considérable de faisceaux fibreux, noyés, pour ainsi dire, dans une masse de tissu cellulaire. Au pourtour, existe une espèce d'écorce, formée par les débris de la base des feuilles ; ces débris figurent souvent des écailles analogues à celles d'un serpent. La tige que nous venons de décrire porte le nom de *stipe*.

Chez la plupart des plantes de l'embranchement des Monocotylédones, la structure de la tige est assez semblable à celle du palmier, c'est-à-dire que nous retrouvons une sorte de moelle centrale, sans limites bien précises, traversée habituellement par de rares faisceaux fibreux, tandis que la périphérie présente un tissu cellulaire beaucoup moins abondant et des faisceaux fibreux de plus en plus multipliés. Il est facile d'étudier cette disposition sur la coupe transversale d'une tige d'asperge.

Dans le bambou, dans le froment, le centre de la tige est vide ; le pourtour, plus ou moins épais, se compose uniquement de fibres. Les tiges de cette espèce portent le

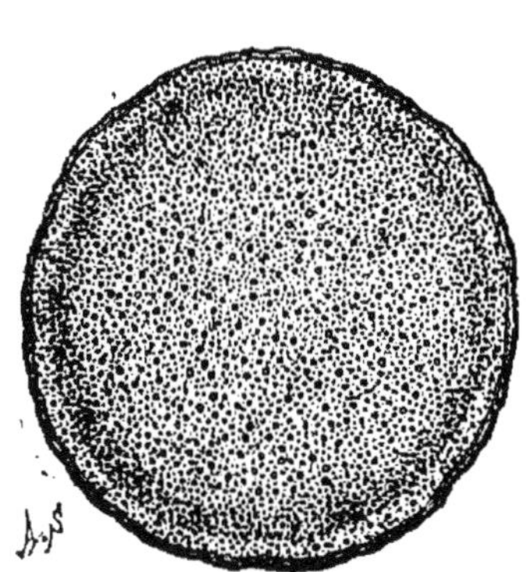

Fig. 69. — Tranche horizontale d'un jeune Palmier.

Fig. 70. — Coupe d'un entre-nœud de Bambou.

nom de *chaumes*. La plupart des plantes de la famille des Graminées, section importante de l'embranchement des Monocotylédones, ont pour tige un chaume. On retrouve, d'ailleurs, une disposition assez sensiblement analogue chez certains Dicotylédones, par exemple, chez les plantes de la famille des Ombellifères.

Les arbres de nos climats et, en même temps, un grand nombre de végétaux herbacés présentent une structure tout à fait différente et beaucoup plus compliquée. La figure 71 montre la succession des différentes couches que l'on rencontre, du centre à la circonférence, dans une jeune tige d'érable. Ces couches sont : 1° la *moelle*, 2° l'*étui médullaire*, 3° le *ligneux*, 4° le *liber*, 5° l'*enveloppe cellulaire*, 6° l'*enveloppe subéreuse*, 7° l'*épiderme*.

La *moelle* est formée de tissu cellulaire ; cette partie de la tige ne participe point au développement des autres couches ; elle conserve son même diamètre, tandis que les zones qui l'entourent continuent presque indéfiniment à s'accroître ; souvent même elle disparaît, et, à la place, on trouve un vide, ce qui prouve que ses fonctions cessent de bonne heure d'être indispensables. Dans certains arbres, tels que le chêne, la moelle est à peine distincte.

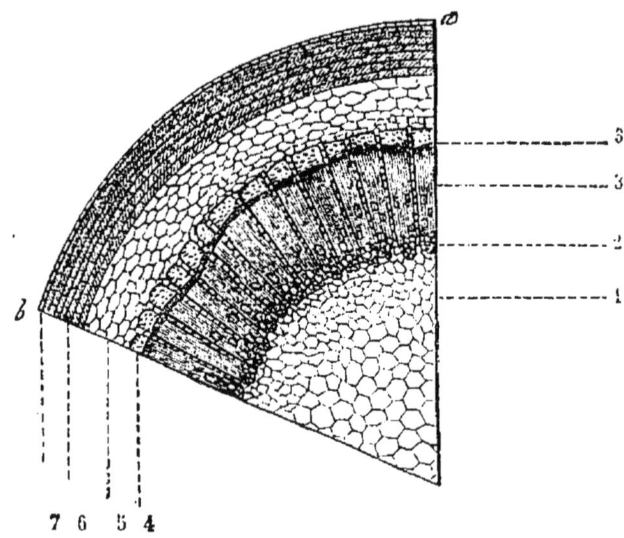

Fig. 71 — Coupe d'une jeune tige d'Érable [1].

Dans d'autres, tels que le sureau, elle occupe, au contraire, un espace très-considérable. Les racines ne renferment pas ordinairement de moelle, et c'est là un caractère qu pourrait les distinguer des tiges.

L'*étui médullaire* est l'enveloppe immédiate de la moelle ; sa couleur est verdâtre dans les jeunes tiges ; il est formé de fibres et de vaisseaux spiraux. Il n'est point sans utilité de remarquer que les vaisseaux de cette espèce se trouvent exclusivement dans cette portion de la tige.

Après l'étui médullaire, toujours très-mince, viennent les fibres ligneuses, groupées en faisceaux et formant le *bois*. Un grand nombre de vaisseaux, appartenant princi-

[1] Fig. 71. — 1. Moelle. — 2. Étui médullaire. — 3. Ligneux — 3'. Cambium. — 4. Liber. — 5. Enveloppe cellulaire. — 6. Enveloppe subéreuse. — 7. Épiderme.

palement à la classe des vaisseaux ponctués, se trouvent mêlés parmi ces fibres. Les différents faisceaux du bois sont séparés par des cloisons verticales qui se prolongent depuis la moelle jusqu'à l'écorce et que l'on appelle *rayons médullaires*. Ces lames, composées de cellules, établissent

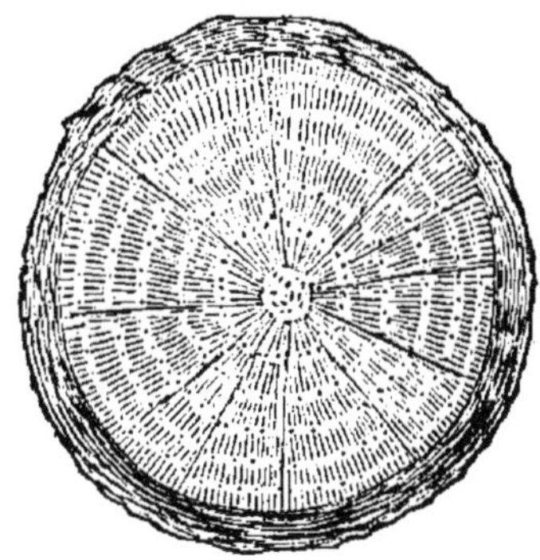

Fig. 72. — Coupe transversale d'un tronc de Chêne, montrant les rayons médullaires.

une communication facile entre l'écorce et les parties centrales de la tige. Par leur intermédiaire, la séve descendante pénètre dans le bois.

Entre le bois et l'écorce, on rencontre dans les jeunes tiges, au printemps, une couche de matière celluleuse très-distincte, et qui fournit les éléments destinés à l'accroissement du bois et de l'écorce ; c'est ce que l'on nomme le *cambium*.

La première couche de l'écorce est formée de fibres très-longues et très-tenaces ; ces fibres, dans le tilleul et différents autres arbres, sont employées pour la fabrication des cordages. On donne à l'ensemble le nom de *liber*, du mot latin *liber*, livre, parce qu'on peut le séparer en un certain nombre de lames qui ressemblent aux feuillets d'un livre.

L'*enveloppe cellulaire* est entièrement formée de cellules ; sa couleur est généralement verte ; elle communique avec les parties centrales de même structure par l'intermédiaire des rayons médullaires.

L'*enveloppe subéreuse* est également de nature cellulaire.

Cette couche, ordinairement peu développée, devient cependant très-épaisse dans le chêne-liége, où elle fournit la matière dont on fabrique les bouchons. Son nom est tiré du mot latin *suber*, qui signifie liége.

L'*épiderme* s'étend sur toutes les parties du végétal, sur les feuilles, sur les racines, aussi bien que sur la tige ; il se compose de cellules, et l'on peut, sur une grande partie de son étendue, y distinguer deux couches, l'*épiderme proprement dit*, qui est la couche intérieure, et la *cuticule*, qui recouvre l'épiderme proprement dit.

Les *poils* de différentes formes qui se montrent à la

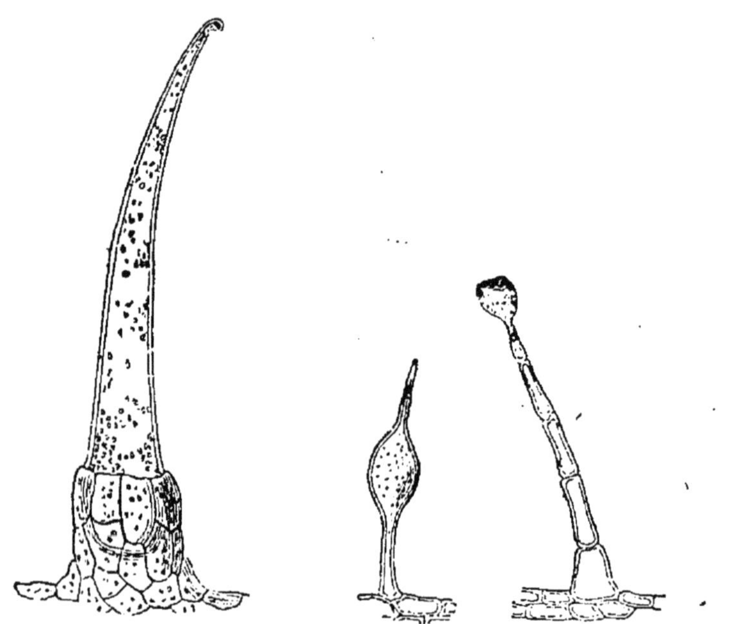

Fig. 73. — Poil de l'Ortie. Fig. 74. — Poils de la Gueule-de-Loup.

surface des tiges et des autres parties des végétaux sont constitués par des cellules allongées dépendant de l'épiderme. Les *aiguillons* pointus et résistants dont l'épiderme de certaines plantes est parsemé ont la même origine que les poils. Les botanistes les distinguent des *piquants* proprement dits, lesquels, distribués d'une manière beaucoup plus régulière, résultent d'une transformation de certaines feuilles ou de certains bourgeons.

Les portions souterraines des tiges, dans un grand nombre d'espèces, offrent une structure tout à fait différente de celle des portions aériennes de ces mêmes tiges; elles deviennent *tuberculeuses*, c'est-à-dire qu'elles se renflent en différents points, quelquefois même sur toute leur étendue, et constituent des réservoirs de matières nutritives solides ; ces matières sont principalement la *fécule* et l'*inuline*. Tout le monde connaît la fécule ou amidon. L'inuline est une substance de composition chimique et d'aspect analogues, que l'on trouve en grande abondance dans les tubercules du topinambour et dans ceux de plusieurs autres végétaux. La formation des tubercules est la conséquence du développement considérable qu'ont pris les portions cellulaires de la tige et de la diminution équivalente qu'ont subie les portions fibreuses. La pomme de terre nous offre un exemple bien

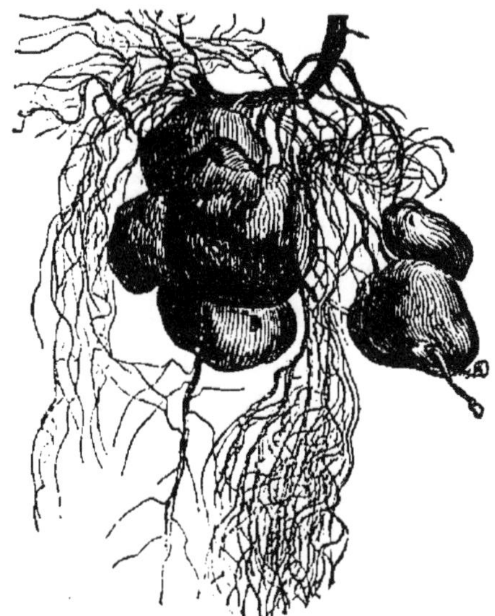

Fig. 75. — Tige de la Pomme de terre (partie souterraine).

remarquable des transformations qui résultent de ce double travail. Chacun des tubercules de cette plante n'est autre chose qu'un rameau ou une portion de rameau, dont la structure s'est modifiée sous l'influence d'une existence souterraine, et dont les cellules se trouvent comme gorgées de substance féculente. A côté des tubercules formés aux dépens des tiges souterraines, on peut placer ceux qui sont dus spécialement au développement du parenchyme des racines, les tubercules des carottes, des raves, des dahlia, par exemple, et ceux qui proviennent, comme les betteraves, d'une transformation collective des tissus de la tige et de la racine. Les matières contenues dans les tubercules sont susceptibles, la plupart du temps, d'être utilisées à notre profit. Aussi, tous les efforts de la culture tendent-ils à favoriser l'aptitude de certaines espèces à la tuberculisation. Parmi les procédés que l'on emploie pour obtenir ce résultat, nous citerons le *buttage.*

Dans les tiges souterraines ou *rhizomes*, on distingue facilement deux parties, dont l'une est indéfiniment en voie de végétation, tandis que l'autre se détruit peu à peu, à mesure que la vie l'abandonne, aussi bien que la racine qui la terminait originairement. Cette racine est remplacée dans ses fonctions par des racines adventives qui se développent au fur et à mesure sur différents points de la tige. Il n'y a rien d'extraordinaire dans cette substitution de racines adventives à la racine normale primitive, ni rien qui soit particulier à la catégorie des plantes à tige souterraine. Chez les plantes herbacées vivaces à tige rampante, comme le lierre terrestre, plusieurs véroniques, etc., les parties couchées émettent, dès les premiers temps de leur apparition, des racines adventives qui s'enfoncent dans le sol, en même temps que la vraie racine et la partie postérieure de la tige dépérissent et disparaissent graduellement. Chez tous les Monocotylédones, quelle que soit la structure de la tige, c'est uniquement par des racines que l'on peut considérer comme adventives que la plante se fixe et se nourrit. Les céréales, le maïs, l'asphodèle nous fournissent des exemples de ce mode d'organisation.

On peut classer parmi les tiges souterraines les bulbes ou oignons du poireau, du lis, du safran, etc. (Fig. 76, 77 et 78). Ces bulbes, formées par une sorte de bourgeon plus ou moins volumineux, sont terminées inférieurement par un plateau de faible épaisseur, lequel représente une tige rudimentaire et porte les racines. Quant au bourgeon même, il est composé tantôt de tuniques distinctes, comme dans le poireau, tantôt d'écailles, comme dans le

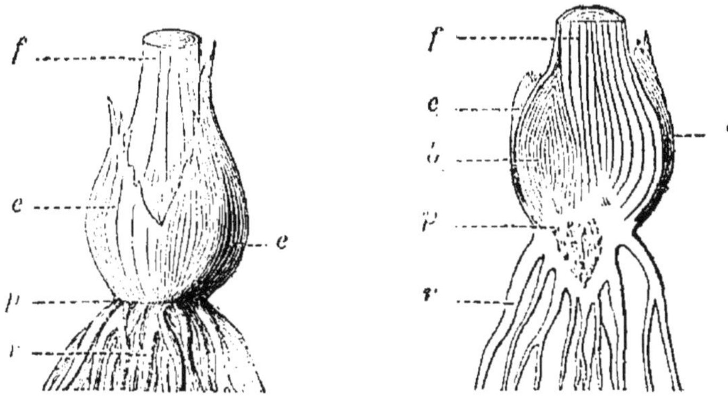

Fig. 76.—Bulbe tuniquée du Poireau [1]. Fig. 77.—Coupe verticale de la même.

lis, tantôt d'une masse pleine et solide, comme dans le safran. Les tuniques du poireau, les écailles du lis sont des

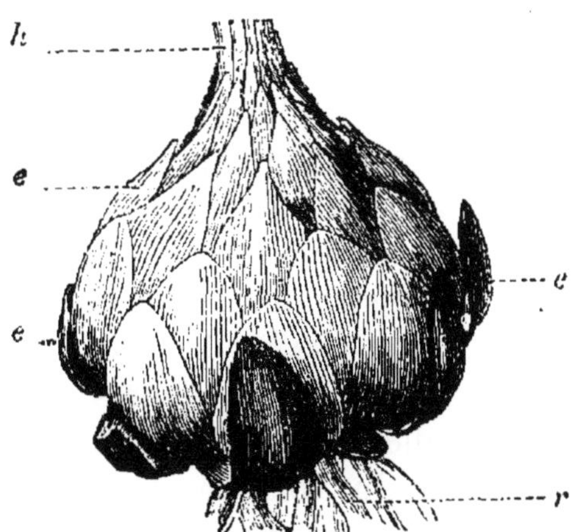

Fig. 78. — Bulbe écailleuse du Lis blanc [2].

feuilles plus ou moins modifiées, et l'on trouve autour de

[1] Fig. 76 et 77. — Bulbe tuniquée du Poireau. — *f*, feuilles coupées. — *p*, plateau. — *r*, racines.— *e*, *e*, écailles qui forment la tunique. — *b*, bourgeon latéral ou *caïeu*.

[2] Fig. 78. — Bulbe écailleuse du Lis blanc. — *h*, hampe florale coupée. — *r*, racines. — *e*, *e*, *e*, écailles.

l'oignon tuberculeux du safran des enveloppes minces et sèches qui n'ont point une autre origine.

Pour les tiges qui se rapportent aux types que nous ont fournis le palmier, le bambou, le froment, l'accroissement en diamètre résulte de la formation de nouveaux faisceaux fibreux qui s'accumulent au voisinage de l'écorce. Il en résulte que les portions périphériques de la tige sont beaucoup plus denses que les portions centrales. Celles-ci, dans le sagoutier, par exemple, sont entièrement constituées par un tissu cellulaire dont on extrait une énorme quantité de fécule. Dans les tiges se rapportant à ce type, le tissu très-dense de la périphérie est généralement seul utilisé pour la fabrication des objets de tabletterie et d'ébénisterie, etc. Pour les plantes qui se rapportent au type le plus commun dans nos climats, celui dont l'érable peut nous fournir un exemple, l'accroissement en diamètre résulte de la formation annuelle d'une double couche d'écorce et de bois dans l'espace occupé par le *cambium*. Les couches annuelles de l'écorce sont généralement minces et peu distinctes; elles sont constituées par des fibres analogues à celles du liber. Les couches correspondantes du bois sont plus épaisses et mieux dessinées; on peut, d'après leur nombre, déterminer l'âge d'un arbre, en tenant compte, néanmoins, de ce fait que, dans beaucoup de tiges, chaque couche ligneuse est formée de plusieurs zones distinctes par la coloration.

On désigne sous le nom d'*aubier* l'ensemble des couches les plus nouvelles et les plus extérieures. Les plus anciennes et, par conséquent, les plus centrales forment ce que l'on appelle le *cœur* du bois. Cette partie est souvent d'une couleur plus foncée, et ses fibres sont, en général, plus denses ; on l'emploie de préférence pour les travaux de charpente, de menuiserie et d'ébénisterie. L'*aubier* renferme dans ses fibres moins de matière incrustante; il est plus sujet à s'altérer par l'humidité et à subir les attaques des insectes.

On appelle *bois blancs* les arbres, tels que le saule, le peuplier, dont le bois tout entier présente l'aspect et les caractères de l'aubier. Le bois de ces arbres est mou, peu susceptible d'une longue conservation ; il donne en brûlant peu de chaleur. — On appelle *bois demi-durs* les bois analogues à ceux que fournissent le hêtre et le charme. Sans acquérir jamais une coloration foncée, ils deviennent très-denses et sont excellents comme bois de chauffage. —On appelle *bois durs* les bois, tels que l'orme, le chêne, le noyer, dont la partie centrale prend, avec les années, une couleur foncée caractéristique.

Chez les *arbres verts*, les couches ligneuses annuelles de la tige présentent cette particularité que leur portion externe est plus dense, plus durable, plus résistante que la portion interne.

Des différentes couches qui constituent l'écorce, il en est deux seulement, le *liber* et l'*enveloppe subéreuse*, dont nous ayons à nous occuper au point de vue de l'accroissement. En effet, chez un grand nombre de végétaux, le liber acquiert, par la formation de couches annuelles, un développement considérable. L'orme, le tilleul, etc., nous fournissent ainsi une matière tenace, résistant à l'action de l'eau, et dont on fait un excellent usage. D'un autre côté, l'enveloppe subéreuse des deux espèces de chênes désignées sous les noms de chêne-liége et de chêne occidental nous donne le liége. Cette même enveloppe, en se modifiant dans sa texture, forme autour de la tige, chez certains arbres, une enveloppe protectrice, le *périderme*. Le périderme de nos bouleaux indigènes est employé pour la fabrication de boîtes, de tabatières, de semelles ; celui des bouleaux du Canada, à la confection de canots d'une légèreté et d'une solidité extraordinaires. Chez les platanes, par contre, les parties de l'écorce extérieures au liber tombent, chaque année, par une sorte d'exfoliation. Les crevasses et les rugosités que présente l'écorce, chez le prunier, le poirier, le chêne, résultent d'une exfoliation analogue.

A propos des racines, il a déjà été question de la durée de la vie chez les végétaux ; l'étude des tiges nous fournit l'occasion d'y revenir avec plus de détails. Les plantes *annuelles* naissent, fructifient et meurent dans le cours d'une année. On les désigne abréviativement, dans les ouvrages de botanique ou d'horticulture, par le signe astronomique ⊙ qui indique le soleil, ou bien par le signe ①. Comme exemples de plantes annuelles, on peut citer le lin, le chanvre, la marguerite des champs, le coquelicot, les diverses céréales. — Les plantes *bisannuelles* ne produisent, la première année, qu'un commencement de tige et des feuilles. La seconde année, la tige s'allonge, les fleurs et les fruits paraissent ; après quoi la plante meurt. On désigne les végétaux bisannuels par le signe ♂ consacré à Mars, dont la révolution autour du soleil dure deux ans, ou bien par le signe ②. On peut citer comme exemples de plantes bisannuelles le chardon, la carotte, le persil, la betterave. — Les plantes *vivaces* prolongent leur existence pendant plusieurs années et sont susceptibles de fleurir plusieurs fois ; elles se répartissent en deux catégories. Les unes, désignées sous le nom de plantes *ligneuses*, conservent intégralement leur axe extérieur pendant toute la durée de leur végétation, et leur tige, au bout d'un certain temps, se compose en majeure partie d'éléments ligneux. Le signe ♄, représentatif de Saturne, est consacré à cette classe de végétaux, de laquelle font partie nos arbrisseaux et nos arbres. Les autres, désignées sous le nom de plantes *herbacées-vivaces*, perdent, en général, leur portion extérieure immédiatement après chaque fructification et conservent seulement leur racine et la base souterraine de leur tige. Chaque année, cette base donne naissance à un rameau florifère et fructifère, que sa nature herbacée rapproche des tiges annuelles. Les phlox, les guimauves, les nénuphars peuvent être cités comme exemples de cette catégorie de plantes vivaces, ordinairement indiquées par le signe ♃, qui représente la planète Jupiter.

CHAPITRE XVI

LES FEUILLES

Toutes les plantes ne portent pas de feuilles ; la cuscute, par exemple, en est privée; d'autres, comme l'orobanche, n'ont que des écailles. Cependant, chez la plupart des végétaux, on trouve des feuilles; chez un grand nombre, on les compterait par millions. Les feuilles présentent, dans leur forme, leur structure, leurs dimensions, la variété

Fig. 79. — Feuille de Gesse avec ses vrilles.

Fig. 80. — Rameau de Vigne avec ses vrilles.

la plus infinie. Leurs caractères, assez généralement constants pour chaque espèce, se modifient quelquefois d'une manière très-sensible, suivant la place qu'elles occupent sur la tige. Ainsi, dans les plantes herbacées, les feuilles voisines de la racine diffèrent habituellement de celles du sommet. D'un autre côté, les feuilles qui précèdent immédiatement les fleurs se transforment souvent et deviennent ce qu'on nomme des *bractées*. Une modification plus considérable encore est celle que subissent un certain nombre de feuilles, dans diverses espèces, pour constituer soit des *vrilles*, soit des *piquants*.

Les feuilles se composent essentiellement d'une partie grêle, attachée à la tige, qui est la queue de la feuille ou,

Fig. 81. — Feuille d'Orme.

botaniquement, le *pétiole*, et d'une partie élargie aplatie, qui est le *limbe*.

Le pétiole semble composé presque entièrement de fibres. Ces fibres se continuent dans le limbe et forment une saillie proéminente, la *nervure médiane*, qui n'est pas sans quelque analogie avec notre colonne vertébrale. De cette nervure se détachent d'autres nervures, subdivisées elles-mêmes à l'infini et constituant ainsi, dans l'épaisseur du limbe, une sorte de réseau dont le tissu cellulaire occupe les vides. Les nervures sont la charpente solide de la feuille; elles déterminent sa forme et nous les voyons souvent survivre à la destruction du parenchyme. Dans les feuilles submergées, il n'existe pas généralement de nervures.

Indépendamment du limbe et du pétiole, les feuilles portent souvent à la base du pétiole des appendices de forme variable que l'on appelle *stipules* (fig. 79 et 81).

Certaines feuilles sont dépourvues de pétiole, et leur limbe s'insère directement sur la tige ; on les nomme feuilles *sessiles*. D'autres fois, la feuille semble se composer uniquement d'un pétiole. Les fibres de cet organe, au lieu de s'étaler comme d'ordinaire à leur extrémité, restent réunies et forment une sorte d'aiguille ; c'est ce que l'on observe dans le pin, le mélèze.

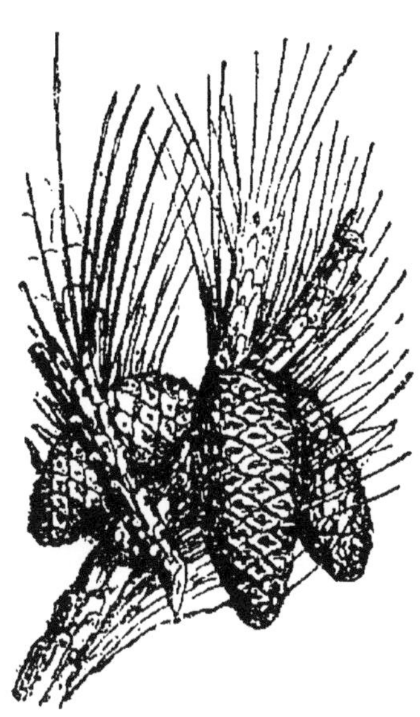

Fig. 82. — Rameau de Pin maritime.

Le mode de distribution des nervures fournit des caractères importants pour la détermination des espèces végétales. On appelle feuilles *pennées* celles dont les nervures sont distribuées comme les barbes d'une plume (fig. 81); feuilles *palmées*, celles dont les nervures s'écartent dès l'origine du limbe (fig. 84) ; feuilles *à nervures parallèles*, les feuilles dont les nervures restent sensiblement parallèles d'une extrémité à l'autre du limbe, ainsi qu'on le voit dans les Graminées ; feuilles *peltées*, celles dont le pétiole s'insère au milieu du limbe, et dont les nervures s'écartent du pétiole, comme les rayons s'écartent du moyeu de la roue (fig. 83).

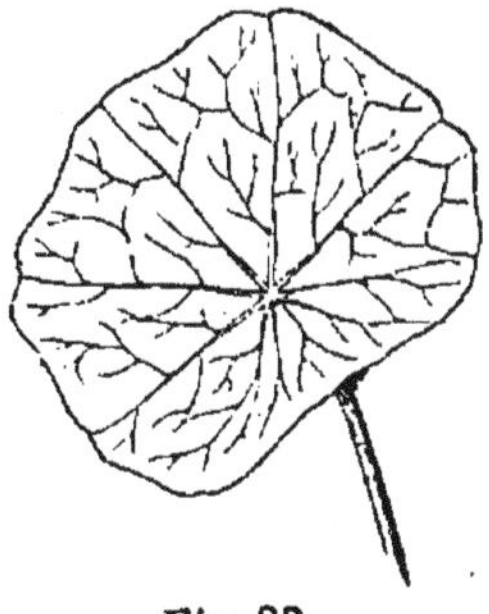

Fig. 83. Feuille peltée de l'Écuelle d'eau.

On appelle feuilles *entières*, les feuilles dont les bords ne présentent aucune solution de continuité. Plus souvent, les bords portent des découpures plus ou moins profondes. Lorsque ces découpures sont très-fines, très-multipliées, on dit que les feuilles sont *découpées en dents de scie*. Lorsqu'elles sont un

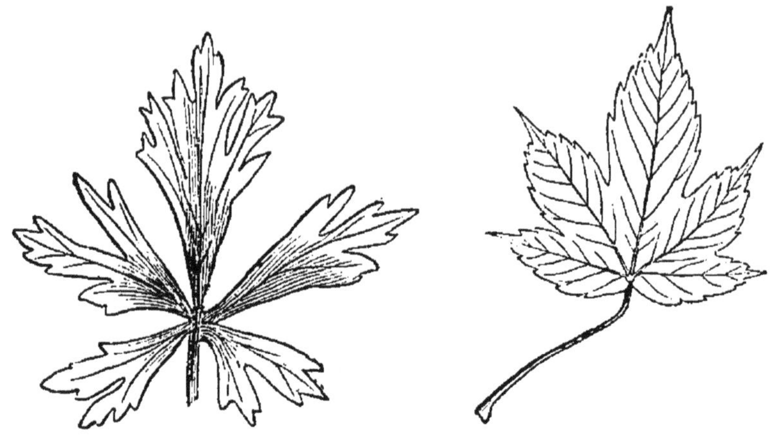

Fig. 84.
Feuille palmée simple de l'Aconit.

Fig. 85.
Feuille palmée simple du Sycomore.

peu aiguës et assez espacées, les feuilles sont dites *crénelées*. Il arrive fréquemment qu'une feuille. soit entière, soit découpée en dents de scie ou crénelée, se trouve partagée par des échancrures en plusieurs lobes ; suivant le nombre des lobes, on dit alors qu'elle est *bilobée*, *trilobée*, etc.

Souvent, enfin, les échancrures qui donnent naissance aux lobes pénètrent profondément et se rapprochent sensiblement de la nervure médiane. Dans ce cas, la feuille est *bifide*, *trifide*, etc., ou *bipartite*, *tripartite*, etc.

Dans une feuille bifide ou trifide, bipartite ou tripartite, l'échancrure, tout en se rapprochant de la nervure, médiane, ne l'atteint pas cependant, et la feuille conserve toujours l'aspect d'une feuille unique. On désigne, d'une manière générale, sous le nom de *feuilles simples*, toutes les variétés de feuilles qui présentent ce caractère d'unité.

On appelle, au contraire, *feuilles composées* les feuilles

dont le limbe semble formé par la réunion de plusieurs feuilles, tant les échancrures sont profondes et les différentes parties nettement séparées les unes des autres. Nous en avons un exemple dans le robinia faux acacia. Ce qui représente, dans cet arbre, un rameau chargé de petites feuilles n'est, en réalité, qu'une feuille composée, chacune des nervures secondaires fournissant un diminutif de pétiole avec de petites feuilles ou *folioles*. On a des exemples de feuilles composées, non-seulement parmi les feuilles à nervation pennée, comme celles du robinia, mais encore parmi celles à nervation palmée, comme celles du marronnier.

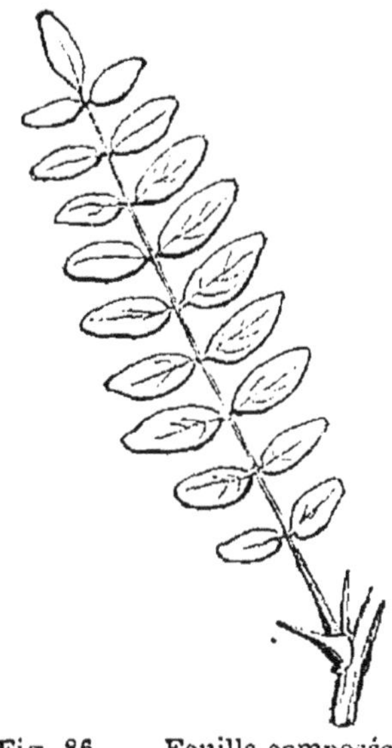

Fig. 86. — Feuille composée du Robinia faux Acacia.

Un autre caractère est fourni par l'insertion des feuilles sur la tige. On les sépare, à ce point de vue, en deux groupes : les feuilles *opposées* et les feuilles *alternes*.

On appelle *feuilles opposées* celles qui s'insèrent deux

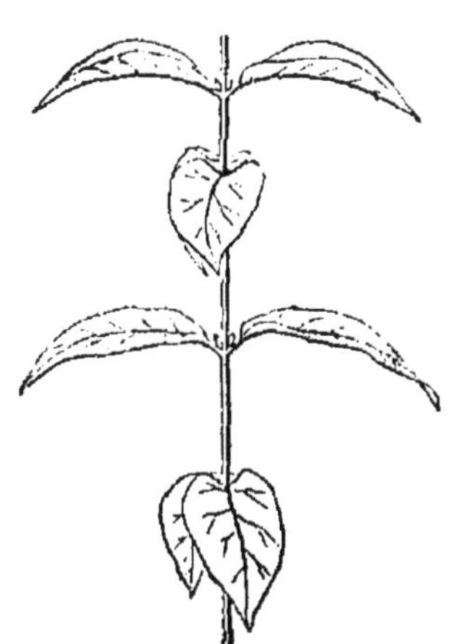

Fig. 87. — Feuilles opposées du Phlox.

Fig. 88. — Feuilles verticillées par trois du Laurier-rose.

par deux, ou même souvent en plus grand nombre, à la

même hauteur sur la tige. Le point de la tige où s'insère une feuille est un *nœud*, et l'on nomme *entre-nœud* l'espace qui s'étend entre deux insertions.

Les feuilles opposées sont dites *verticillées*, lorsqu'elles se trouvent groupées en certain nombre autour d'un même point de la tige.

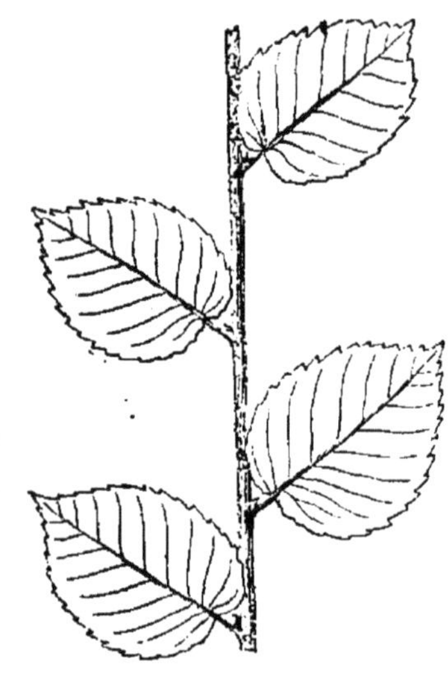

Fig. 89. — Feuilles alternes de l'Orme.

On appelle *feuilles alternes* celles dont le mode d'insertion sur la tige est tel, qu'il ne s'en trouve jamais plus d'une à chaque nœud. On avait cru pendant longtemps qu'aucune loi ne présidait à l'arrangement des feuilles alternes. On a constaté, il y a quelques années, que ces feuilles étaient disposées le long de la tige suivant un ordre parfaitement déterminé.

Le développement des feuilles et celui des rameaux résultent du développement d'organes bien connus de tout le monde sous le nom de *bourgeons*. Les bourgeons se montrent au printemps; ce sont d'abord de petits noyaux cellulaires, faisant à peine saillie au dehors de l'écorce, et auxquels les agriculteurs ont donné le nom d'*yeux*. Dans les plantes annuelles, les bourgeons se développent immédiatement, pour continuer la tige ou former des branches. Dans les plantes vivaces, les bourgeons, tout en s'organisant intérieurement, restent d'ordinaire fermés jusqu'au printemps de l'année suivante. Ces bourgeons doivent supporter les chaleurs de l'été, l'humidité de l'automne, les froids de l'hiver; aussi la nature leur a-t-elle donné une enveloppe d'écailles imperméables à l'eau, et très-souvent même, en dedans, une bourre épaisse qui protége les jeunes feuilles contre le froid. On a observé que cette bourre était, en général, d'autant plus abondante que l'hiver devait être plus rigoureux. Indépendamment des bourgeons qui restent toute une année stationnaires, certains arbres fruitiers en portent d'autres que l'on appelle *prompts-bourgeons*, et qui, dès leur apparition, se développent et produisent des feuilles et des branches ; ces bourgeons n'ont point à redouter l'intempérie de l'hiver ; ils sont dépourvus d'écailles.

Les bourgeons situés à l'extrémité des tiges continuent directement l'axe primitif; on les appelle *bourgeons terminaux*. Ceux qui se montrent sur les côtés de la tige, à l'aisselle des feuilles, ont reçu le nom de *bourgeons axillaires;* ils produisent les branches. Beaucoup de plantes n'ont que des bourgeons terminaux; leur tige non ramifiée figure une sorte de colonne; tel est le *stipe* des palmiers. Chez la plupart des arbres de nos pays, on trouve les deux espèces de bourgeons, et, par conséquent, une tige ramifiée. Lorsque le bourgeon terminal d'une tige a été coupé, la tige périt, si c'est une tige à colonne. C'est ce qui arrive, lorsqu'on enlève, pour le faire servir à l'alimentation, le volumineux bourgeon terminal de certains palmiers. Pour les tiges ramifiées, il n'en résulte qu'un arrêt plus ou moins définitif de l'accroissement en hauteur. Un accident de cette nature a fait perdre au fameux cèdre du Jardin des plantes la forme pyramidale qui caractérise les cèdres du mont Liban. Dans les circonstances ordinaires, un bourgeon latéral se redresse et continue l'axe ascendant, comme on l'observe, à la suite de la taille, chez tous nos arbres cultivés.

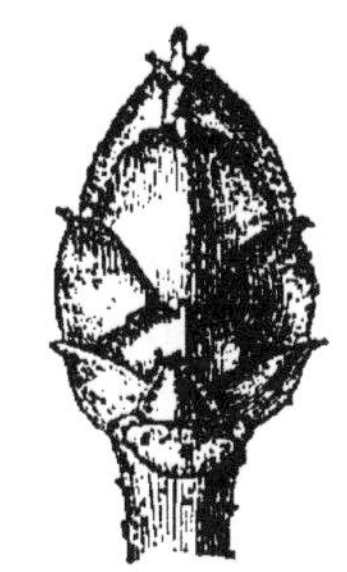

Fig. 90.
Bourgeon d'Érable.

Lorsque la tige d'un arbre a été coupée transversalement à une distance plus ou moins grande du sol, des bourgeons apparaissent bientôt au-dessous de la section et produisent des branches dont le développement est extrêmement rapide. Ce procédé s'appelle *recepage;* on l'emploie pour rendre les taillis mieux fournis et pour faire produire aux saules un nombre infini de menues branches. Les arbres coupés ras de terre sont désignés sous le nom de *souches;* on nomme *têtards* ceux qui ont conservé une portion de leur tige. Lorsque l'on veut, au contraire, pousser les arbres en hauteur, on émonde les branches latérales; ces branches donnent un profit comme bois de chauffage, et, en même temps, les sucs se concentrent pour accroître la nourriture des parties supérieures de la tige.

On nomme *bourgeons adventifs* des bourgeons qui se montrent accidentellement en d'autres points que l'extrémité de la tige ou l'aisselle des feuilles. Les bourgeons adventifs ne possèdent point d'écailles; généralement, ils ne se développent pas, et la mauvaise saison les fait périr; néanmoins, dans certaines espèces, comme le peuplier de Hollande, le faux acacia, les bourgeons adventifs que portent les racines deviennent un puissant moyen de propagation.

Parmi les bourgeons *normaux*, c'est-à-dire parmi ceux qui se développent régulièrement, soit à l'extrémité des branches, soit à l'aisselle des feuilles, on distingue deux catégories : les *bourgeons à bois* et les *bourgeons à fruits.*

Les premiers sont pointus et ne renferment que des feuilles; ils s'allongent de manière à former des branches dont les nœuds sont très-espacés.

Les seconds sont plus arrondis et contiennent à la fois des feuilles et des fleurs; ils s'allongent ordinairement peu, et leurs feuilles, qui sont en très-petit nombre, se trouvent toujours très-rapprochées les unes des autres.

Dans les arbres fruitiers, on désigne sous le nom de *gourmands* les branches que produisent les bourgeons à bois, sous le nom de *bourses,* celles que produisent les bourgeons à fleurs.

On appelle *bourgeonnement* l'époque où, les bourgeons commençant à sortir de leur engourdissement, les écailles extérieures tombent, les feuilles grandissent et se déplacent. Bientôt la jeune branche se montre; les nœuds, d'abord très-rapprochés, s'écartent. Cette période d'allongement dure environ six semaines. En même temps, la branche grossit, et son accroissement en diamètre contiue encore longtemps après que l'accroissement en lon-ueur a cessé.

Les bourgeons formés sur les tiges souterraines ont un éveloppement analogue; seulement, les branches qui en ésultent sont ordinairement pâles et charnues. On peut n citer comme exemple les bour-eons comestibles de l'asperge. On ppelle *drageons* les bourgeons ad-entifs qui naissent sur les racines raçantes des acacia, des peu-liers, etc.

Fig. 91.
Taille en pyramide.

Les horticulteurs suppriment ne certaine quantité de bourgeons ur les arbres à fruits, pour que la ourriture absorbée par la tige rincipale ne se répartisse qu'entre n petit nombre de branches, qui eviennent alors plus vigoureuses t plus productives; c'est ce qu'on ppelle *ébourgeonner*, lorsque l'o-ération se fait au printemps et u'elle porte sur des bourgeons déjà n marche; *éborgner*, lorsque l'o-ération se fait à l'automne et u'elle porte sur des bourgeons en-ore à l'état embryonnaire, à l'état l'*yeux*. Un autre procédé, employé concurremment, con-siste à *tailler* les arbres, c'est-à-dire à couper les branches presque à leur point de jonction avec la tige, de telle

Fig. 92. — Taille en cordon, avec greffe par approche.

sorte qu'elles ne portent plus qu'un très-petit nombre de bourgeons.

Ces diverses opérations exigent de l'expérience et du discernement. Il n'est pas possible, en effet, de conserver tous les bourgeons à fleurs, lorsqu'ils sont nombreux, parce que leur développement nécessiterait une quantité de sève que la tige n'est pas en état de fournir, et les

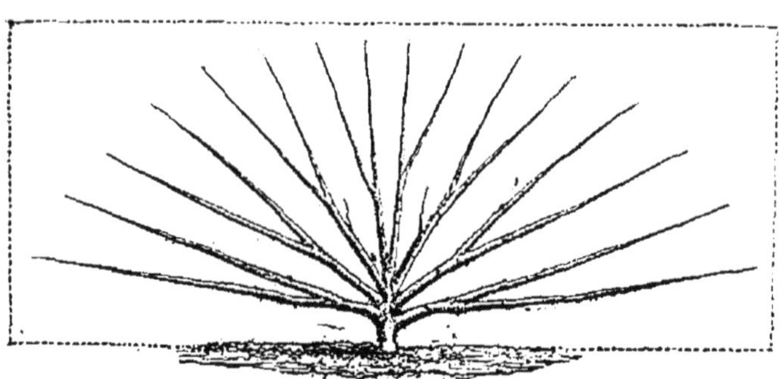

Fig. 93. — Taille en éventail.

fruits obtenus dans ces conditions seraient maigres et chétifs. Lorsqu'on ne laisse qu'un petit nombre de bourgeons à fleurs, les fruits sont, au contraire, succulents et volumineux. Il est indispensable, en même temps, de conserver un certain nombre de bourgeons à bois, parce que le développement de ces bourgeons et l'évaporation produite à la surface des feuilles sont les principales causes qui déterminent l'ascension de la sève dans la tige.

Le premier développement de la tige, à l'époque de la germination, se fait aux dépens d'un bourgeon appelé *gemmule*. L'origine de la tige est donc, sous ce rapport, analogue à celle des branches qu'elle devra porter plus tard, et l'on peut considérer l'ensemble d'un végétal comme le résultat du développement successif d'un certain nombre de bourgeons, comme une sorte de polypier, dont chaque individu existe de sa vie propre en même temps qu'il participe à l'existence collective.

D'un autre côté, chaque bourgeon représentant un petit végétal bien complet, soudé à l'axe principal et contribuant à son accroissement par les faisceaux fibreux qu'il lui envoie, on peut admettre que, dans certaines conditions, le bourgeon sera susceptible de se développer en dehors de l'aide qu'il reçoit habituellement de la tige mère. C'est ce qui arrive spontanément et régulièrement chez différentes plantes. Ainsi, le lis bulbifère porte, à l'aisselle de ses feuilles, des bourgeons qui se détachent à une certaine époque, tombent à terre et prennent racine, s'ils rencontrent les conditions nécessaires de chaleur et d'humidité.

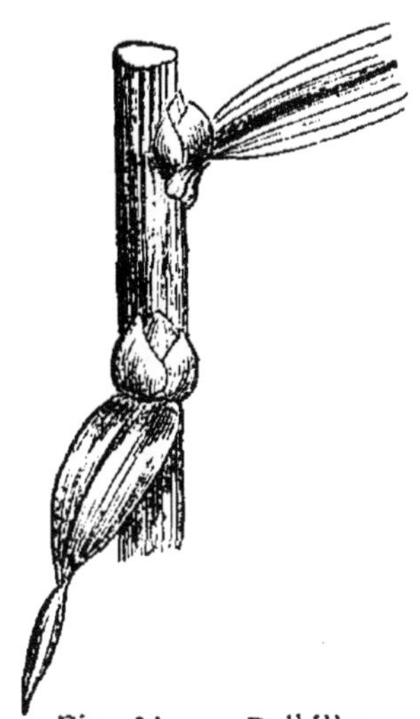
Fig. 94. — Bulbilles du Lis bulbifère

Pour propager certaines espèces, dont les racines adventives se développent très-facilement, il suffit de placer dans une terre humide une jeune branche pourvue d'un bourgeon au sommet et coupée nettement en biseau à l'autre extrémité; il se forme à cette extrémité des racines adventives qui deviennent bientôt des racines véritables; c'est ce qu'on appelle *multiplication par bouture*, et ce mode est employé, de préférence à la reproduction par graines, pour divers arbres, tels que le saule, le peuplier. Lorqu'une espèce est habituellement multipliée par bouture, elle cesse de porter de la graine.

La propagation par simple bouture n'est pas toujours possible. Pour qu'une jeune branche donne naissance à des racines, il est souvent nécessaire qu'on l'entoure de terre humide et qu'elle reste encore fixée à la tige mère pendant quelque temps; de là un nouveau procédé que l'on appelle *marcottage*. On tire des marcottes d'un arbre en faisant passer quelques-unes des branches à travers des pots remplis de terre. Des racines ne tardent pas à s'y développer. Lorsqu'on s'est assuré de leur formation, il ne reste plus qu'à couper chaque branche au-dessous de la partie enterrée. C'est par ce procédé qu'on obtient les arbres fruitiers en miniature qui servent à l'ornementation des appartements; mais ces produits d'un artifice de culture ne sauraient vivre au delà d'une saison, le développement des fruits épuisant rapidement la force des racines.

L'opération est encore plus facile pour les plantes à tige peu élevée, les œillets, par exemple. Il suffit de courber les branches vers le sol, de manière à enterrer la base, pour que des racines se produisent presque immédiatement. Un procédé analogue, le *couchage*, est employé pour la propagation de la vigne. Certaines plantes marcottent naturellement, les fraisiers, par exemple, dont les pousses annuelles ou *coulants* s'étendent au loin en jetant des racines.

Un troisième procédé de multiplication, la *greffe*, est encore fondé sur la propriété que possède le bourgeon de reproduire le végétal qui lui a donné naissance. Ce procédé ne diffère des autres que parce que les bourgeons et les jeunes rameaux ou *scions*, au lieu d'être mis immédiatement en rapport avec le sol, sont appliqués sur des tiges qui leur fourniront leur subsistance, et avec lesquelles ils s'incorporeront postérieurement. Le transport des bourgeons peut avoir lieu non-seulement entre des individus de même variété et de même espèce, mais encore entre des individus d'espèces différentes, pourvu qu'il y ait toutefois entre les espèces une certaine analogie; c'est ainsi que le poirier peut être greffé sur le cognassier, etc. Entre des espèces tout à fait différentes, comme le rosier et le cassis, le rosier et le houx, la greffe serait impraticable.

Cette opération est employée dans une multitude de circonstances. Elle permet de multiplier les variétés avec tous leurs caractères distinctifs, ce qu'on n'obtiendrait point par le semis. En greffant des espèces domestiques sur des tiges sauvages ou *sauvageons*, on donne à l'arbre qui résulte de cette alliance le double caractère de la force et de la fécondité. Les plantes à fleurs doubles ne portent point de semences et reprennent difficilement par boutures; on ne peut guère les multiplier autrement que par la greffe ou le marcottage.

Les horticulteurs distinguent aujourd'hui un nombre

presque infini de greffes, susceptibles d'être réparties en trois groupes : les greffes par *approche*, les greffes par *scions* et les greffes par *bourgeons*.

Greffe par approche. — La greffe par *approche* consiste essentiellement à pratiquer sur deux tiges des entailles plus ou moins profondes et à rapprocher ensuite ces tiges plaie contre plaie, de manière à établir entre elles un contact intime. Des moyens spéciaux sont employés pour maintenir les parties et les garantir des influences extérieures. Lorsque la soudure est complète, on coupe la base de l'une des tiges et le sommet de l'autre. Les anciens jardiniers se servaient fort habilement de la greffe par approche pour former des haies vives à disposition treillagée. Dans ce cas, ils conservaient intactes les deux tiges. La greffe par approche se pratique au printemps et à l'automne. On y a recours non-seulement pour multiplier les individus végétaux, mais encore pour rétablir la symétrie dans les arbres fruitiers.

Greffe par scions. — La greffe par *scions* consiste dans l'application de jeunes rameaux sur une tige étrangère.

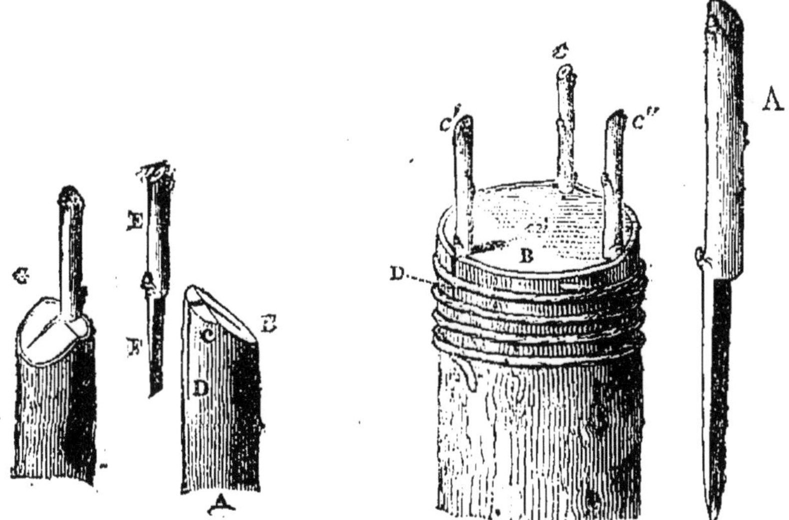

Fig. 95. — Greffe en fente [1]. Fig. 96. — Greffe en couronne [2].

On l'appelle greffe *en fente*, lorsque les rameaux sont pla-

[1] Fig. 95. — A, B, C, D, sujet fendu. — E, F, scion. — G, *greffe en place.*
[2] Fig. 96. — A, un des scions isolé. B, sujet. — C, C', C'', scions implantés dans le sujet. D, ligature.

cés dans des incisions qui s'étendent jusqu'au centre de la tige nourrice ou *sujet;* la tête du sujet a été préalablement coupée à une distance plus ou moins grande du sol. Cette greffe se pratique au printemps ou dans les premiers jours d'automne. Dans la greffe *en couronne*, après qu'on a amputé la tête du sujet, les scions, taillés soigneusement en biseau, sont insérés dans l'intervalle qui sépare le bois de l'écorce. On en dispose souvent ainsi un certain nombre de manière à figurer sur la coupe horizontale du tronc une sorte de couronne. La greffe *de côté*, qui nous conduit comme transition aux greffes par bourgeons, se pratique sur les parties latérales de la tige; elle ne nécessite pas qu'on en supprime la tête. On l'emploie pour remplir les vides sur les arbres fruitiers. Elle consiste à insérer dans une incision pratiquée sur l'écorce du sujet un petit rameau portant bourgeons à fruits.

Greffe par bourgeons. — Les greffes par *bourgeons* sont établies au moyen d'une plaque d'écorce portant bourgeon et de forme variable, que l'on enlève sur une tige pour la transporter sur une autre, dans l'écorce de laquelle on a pratiqué une incision. La forme la plus ordinaire de la

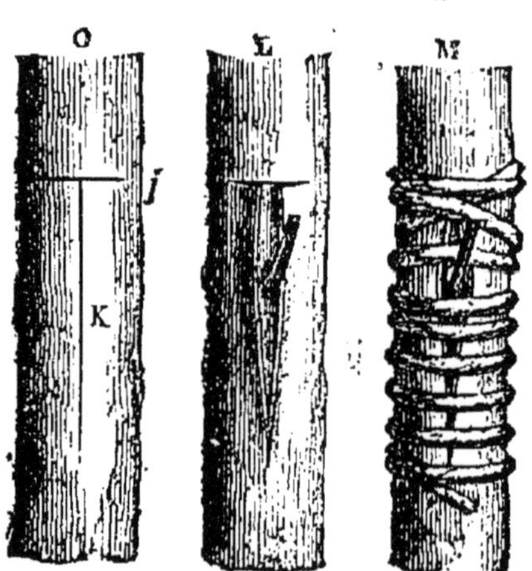

Fig. 97. — Greffe en écusson[1].

plaque enlevée rappelle les anciens écussons; de là le nom de greffe *en écusson.* L'incision faite sur le sujet pré-

[1] Fig. 97, — O, J, K, sujet préparé pour la greffe. — L, sujet avec l'écusson intercalé. — M, sujet avec l'écusson maintenu par une ligature.

sente la forme d'un T; on intercale ainsi très-facilement l'écusson entre les lambeaux d'écorce et l'aubier. Cette opération se fait au mois de mai ou bien au mois d'août. Dans le premier cas, la greffe est dite *à œil poussant*, parce que le bourgeon ou œil s'ouvre bientôt pour fournir une branche. Dans le second, on l'appelle *greffe à œil dormant*, parce que le bourgeon reste fermé tout l'hiver et ne s'ouvre qu'au printemps suivant. Quelques jours après l'application de la greffe à œil poussant, on coupe le sujet un peu au-dessus de l'écusson; mais, lorsqu'on choisit le second mode, la suppression de la tête du sujet n'a lieu qu'après l'hiver.

Les greffes *en flûte* appartiennent au même groupe; elles consistent en un anneau d'écorce portant un ou plusieurs bourgeons que l'on applique autour de la tige du sujet, après en avoir retiré l'écorce sur une surface égale à celle de la greffe. On peut couper d'avance la tête du sujet, et alors la greffe est introduite comme une espèce de gaîne, ou bien la tête du sujet est conservée jusqu'au printemps, et, dans ce cas, l'anneau porte-greffe est fendu latéralement avant d'être appliqué sur la tige. La greffe en flûte se pratique soit au printemps, soit à l'automne.

Une précaution générale, qui s'applique à tous les modes de greffes, consiste à choisir des bourgeons ou des scions dont la végétation soit de quelques jours en arrière de celle du sujet. Il faut encore que les parties incisées soient garanties de l'action de l'air ; aussi, après les avoir fixées par des ligatures de laine grossière, les enduit-on de certaines substances désignées sous le nom de *mastics* ou d'*onguents à greffer*. Les mastics sont formés d'un mélange de poix, de suif et de cire; les onguents ont pour base l'argile. Dans ces derniers temps, on a préconisé pour les revêtements l'emploi du caoutchouc.

CHAPITRE XVII

LA FLEUR

On désigne sous le nom de fleur un ensemble d'organes qui concourent d'une manière plus ou moins directe à la production du fruit, et, par suite, à la perpétuation de l'espèce végétale. Parmi ces organes, les plus essentiels ne sont pas ceux qui attirent le plus vivement l'attention. Les fleurs brillantes de nos jardins sont presque toutes impropres à la formation du fruit, parce que le développement des parties utiles a été arrêté au profit de la multiplication des organes accessoires. D'un autre côté, la floraison, dans un grand nombre d'espèces, passe presque toujours inaperçue, l'idée de fleur se rattachant involontairement pour nous à quelque chose d'éclatant et d'odorant.

Les fleurs sont parfois *solitaires*, c'est-à-dire isolées les unes des autres et séparées par des feuilles; exemples : le mouron des oiseaux, la grande pervenche. Plus généralement elles sont *groupées;* exemples : le muguet, la carotte. On appelle *inflorescence* l'ensemble des fleurs qui se trouvent réunies sur un même rameau.

Les botanistes distinguent deux catégories d'inflorescences. Si le rameau porte une fleur à son extrémité, son développement est désormais limité ; d'autres fleurs ne pourront se produire qu'à l'extrémité des axes secondaires : c'est ce que l'on appelle une *inflorescence définie.*

Si le rameau n'est pas terminé par une fleur, son allongement n'est pas limité, non plus que le nombre des fleurs qu'il porte : l'inflorescence est dite *indéfinie.*

Les inflorescences indéfinies sont, en général, bien nettement caractérisées. On peut citer parmi les plus répandues : la *grappe*, la *panicule*, le *thyrse*, le *corymbe*, l'*ombelle*, le *capitule*, le *sycône*, l'*épi*, le *chaton*, le *spadice*.

La *grappe* se compose d'un axe primaire ou pédoncule,

Figure 98. — Grappe de l'Épine-vinette.

ordinairement dépourvu de fleur à son extrémité, mais portant latéralement des axes secondaires ou pédicelles, tous à peu près d'égale longueur, et terminés chacun par une fleur ; exemples : le groseillier, le muguet, l'épine-vinette.

Fig. 99. — Panicule de l'Avoine.

La *panicule* est une grappe dont les axes secondaires, généralement espacés, portent eux-mêmes des axes tertiaires, terminés chacun par une fleur. L'ensemble de l'inflorescence, par suite de l'allongement des axes inférieurs, figure une sorte de pyramide ; exemples : l'avoine, l'yucca.

Le *thyrse* diffère de la panicule en ce que les axes moyens sont plus allongés que les supérieurs et que les inférieurs ; cette inflorescence représenterait deux cônes réunis par leurs bases ; exemple : le lilas.

Le *corymbe* comprend un ensemble de ramifications qui partent des différents points de l'axe primaire pour arriver tous à peu près à la même hauteur. Le corymbe est simple, lorsque les pédicelles s'attachent immédiatement sur le pédoncule central; exemples : le poirier, le cerisier de Sainte-Lucie. Le corymbe est composé, lorsque ce sont des axes tertiaires qui forment les pédicelles; exemples : la mille-feuille, l'alizier des bois.

Dans l'*ombelle*, les ramifications partent toutes de l'ex-

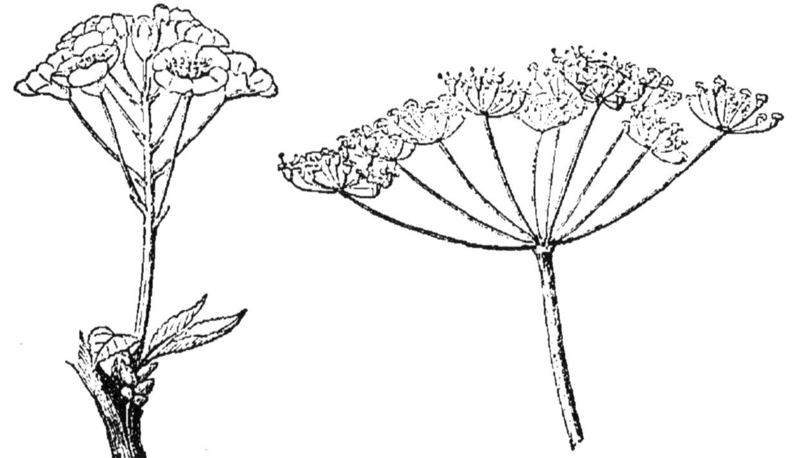

Fig. 100. — Corymbe simple du Cerisier de Sainte-Lucie.

Fig. 101. — Ombelle composée de la Carotte.

trémité d'un pédoncule commun et s'écartent comme les rayons d'un parasol. L'ombelle est simple, lorsqu'elle est formée d'un seul ordre de rayons; exemples : la primevère, l'ail, l'oignon. Elle est composée, lorsque chaque rayon primitif porte à son sommet de petites ombelles ou *ombellules*; exemples : toutes les plantes de la famille des Ombellifères, telles que la carotte, le fenouil, etc. Les ombelles et les ombellules sont généralement entourées à leur base d'une collerette de petites feuilles modifiées, désignée sous le nom d'involucre dans les ombelles, et sous celui d'involucelle dans les ombellules.

Dans le *capitule*, l'axe primaire s'élargit plus ou moins à son extrémité et forme une sorte de plateau nommé *réceptacle*, sur lequel s'insèrent des fleurs presque toujours dépourvues de pédicelles : les fleurs ainsi réunies ne sem-

Fig. 102.—Capitule du Séneçon.

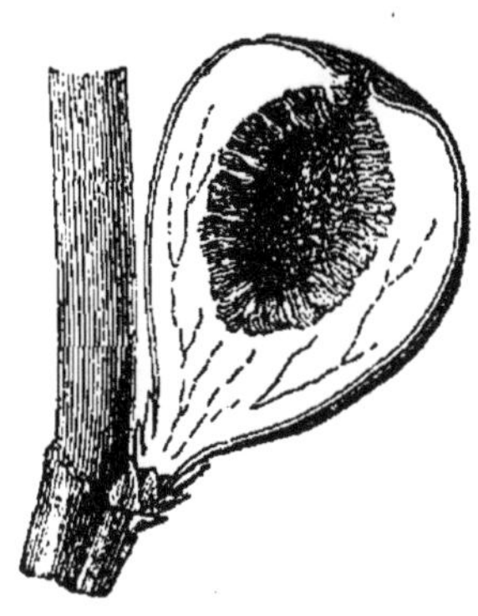

Fig. 103.—Sycône du Figuier (fruit ouvert).

blent plus constituer qu'une seule fleur ; on les désignait autrefois sous le nom de *fleurs composées*. Nous citerons comme exemples : la marguerite, le soleil, le séneçon. Autour du réceptacle, à la base de l'inflorescence, se trouve un involucre analogue à celui des ombelles. Ce sont les feuilles de cet involucre que l'on mange dans l'artichaut ; le fond de l'artichaut est le réceptacle, et le foin est la réunion des fleurs encore enfermées dans l'involucre commun.

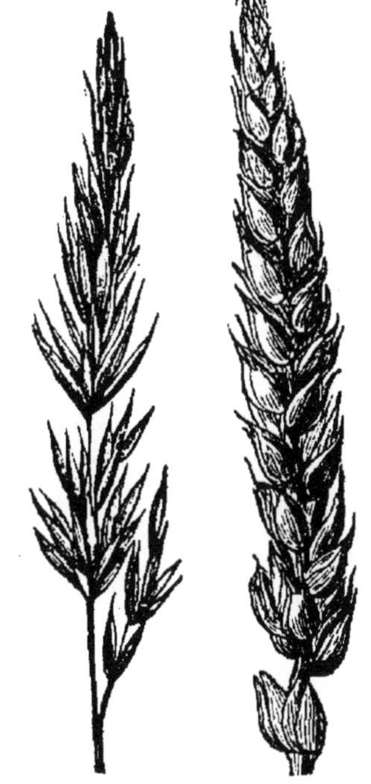

Fig. 104. Epi de la Flouve odorante.

Fig. 105. Epi du Blé.

Dans le *sycône*, ou inflorescence du figuier, le pédoncule s'est creusé et replié intérieurement, de manière à former une cavité dans laquelle sont logées les fleurs, et dans laquelle se développeront plus tard les graines.

Dans l'*épi*, les fleurs sont sessiles, c'est-à-dire dépourvues de pédicelle, ou bien presque sessiles; elles se trouvent disposées le long d'un axe unique, si l'épi est simple comme dans la verveine, la rose trémière, et le long d'axes secondaires, si l'épi est composé, comme dans le blé, l'ivraie.

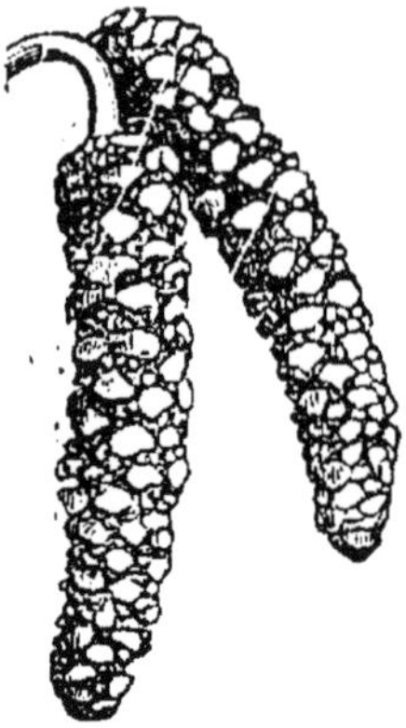

Le *chaton* est un épi simple, qui souvent se désarticule et tombe après la floraison, et qui est habituellement formé de fleurs d'une seule espèce, soit mâles, soit femelles. Ce mode d'inflorescence est commun parmi nos arbres indigènes; on peut citer comme exemples : le saule, le bouleau, le noisetier, le châtaignier, le pin et tous les autres arbres de la grande famille des Conifères.

Fig. 106.
Chaton du Noisetier.

Le *spadice* se compose d'un axe épaissi, portant comme

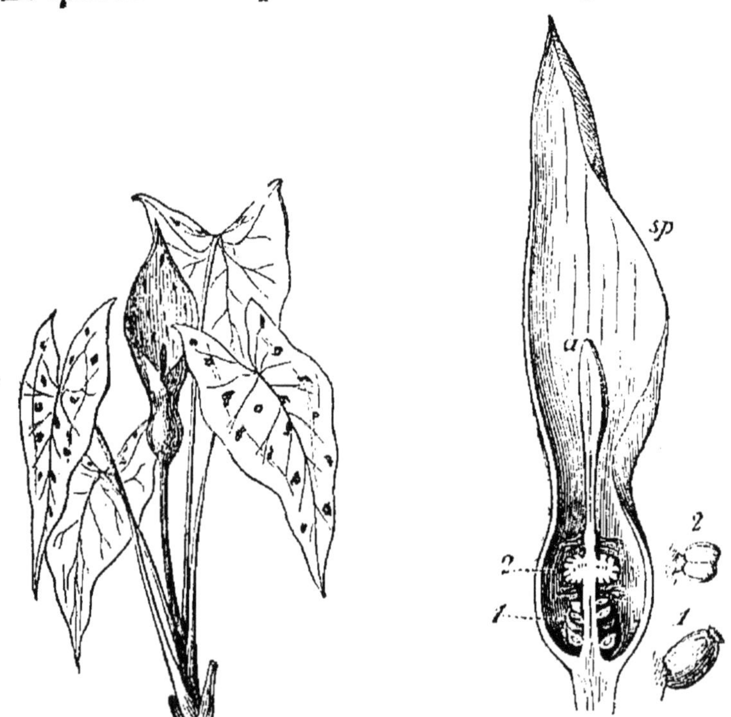

Fig. 107 et 108.—Spadice de l'*Arum maculatum* et coupe du même grossi.—1. fleurs pistillées. 2. fleurs staminées. — *sp*. spathe. — *a*, axe floral.

incrustées de nombreuses fleurs, les unes mâles, les autres femelles. Le tout est enveloppé par une grande bractée cu *spathe*; exemple. : l'arum ou pied-de-veau. On nomme *régime* les padice ramifié des palmiers, des bananiers, etc.

Les inflorescences définies, généralement désignées sous le nom de *cymes*, se partagent en *cymes dichotomes*, *trichotomes*, *scorpioïdes* et *contractées*.

Dans les cymes *dichotomes*, l'axe principal porte avant la fleur qui le termine deux axes secondaires, également terminés par une fleur et donnant naissance latéralement à deux axes tertiaires; exemples : la petite centaurée, le céraiste.

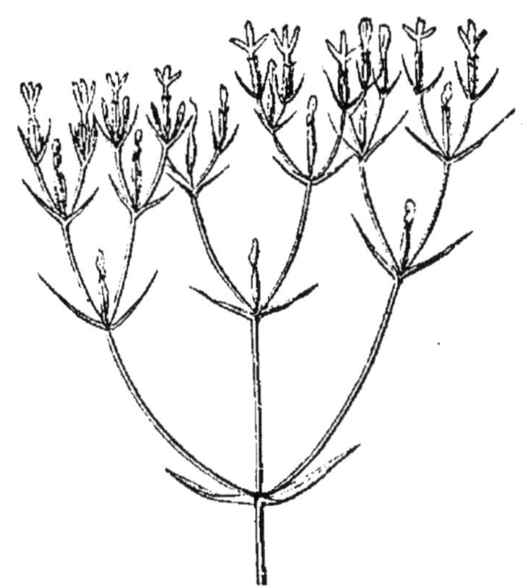

Fig. 109.
Cyme dichotome de la Petite Centaurée.

Dans les cymes *trichotomes*, les axes secondaires et tertiaires se produisent par verticilles de trois.

Dans les cymes *scorpioïdes*, le développement des axes secondaires, tertiaires, etc., ne s'effectue que d'un seul côté. Il en résulte un enroulement de l'inflorescence ayant quelque analogie avec la queue d'un scor-

Fig. 110. — Cyme scorpioïde de la Grande Consoude[1].

[1] Fig. 110.— *a*, axe primaire.—*b*, axe secondaire. —*c*, axe tertiaire, etc.

pion; exemples.: la grande consoude, le myosotis palustris.

Dans les cymes *contractées*, les axes sont très-courts, les fleurs sont très-rapprochées et presque sessiles; exemples : l'œillet des poëtes, la sauge des champs.

On appelle *inflorescences mixtes*, certaines inflorescences dont les caractères sont assez indécis pour qu'il soit difficile de les faire entrer dans l'une ou l'autre des deux catégories dont il vient d'être question; exemple : la campanule.

Éléments de la Fleur.

Nous considérerons comme éléments de la fleur les différentes parties qui contribuent à sa formation d'une ma-

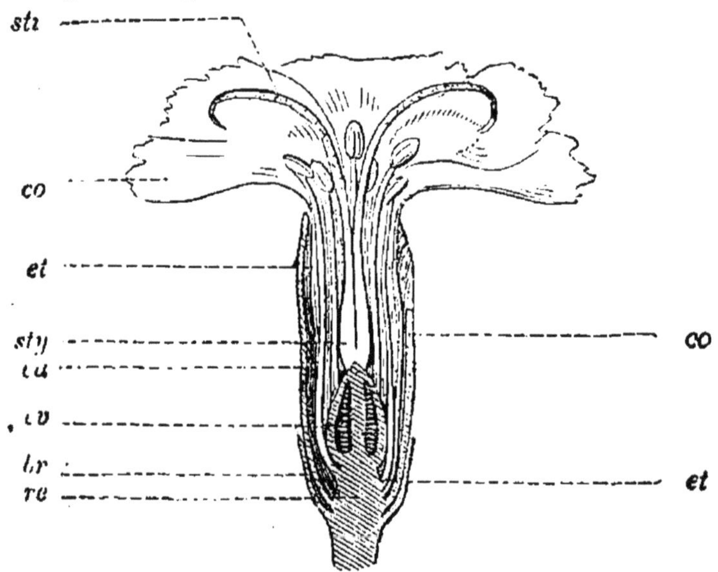

Fig. 111. — Coupe verticale d'une fleur d'OEillet[1].

nière plus ou moins directe, savoir : le pédoncule, les bractées, le réceptacle, le calice, la corolle, les étamines et le pistil.

Le *pédoncule*, ou *queue* de la fleur, constitue soit l'extrémité d'une branche ou de la tige même, soit un appendice spécial, développé latéralement à l'aisselle d'une feuille. Il est tantôt nu, tantôt garni de bractées. Dans les

[1] Fig. 111. — Coupe verticale d'une fleur d'œillet. — *re*, réceptacle. — *ca*, calice. — *br*, bractées à la base du calice. — *co*, corolle, — *et*, étamines. — *ov*, voaire contenant les ovules. — *sty*, styles. — *sti*, stigmate.

inflorescences composées, les bractées du pédoncule portent à leur aisselle des pédoncules du second ordre ou *pédicelles*, à l'extrémité desquels sont placées les fleurs. On appelle *hampe* le pédoncule très-allongé qui, chez les plantes bulbeuses, porte soit une fleur unique (hampe de la tulipe), soit une inflorescence entière (hampe de la jacinthe). Les fleurs sont dites *sessiles*, lorsqu'elles s'insèrent immédiatement sur la tige.

F. 112. Hampe de la Jacinthe.

On appelle *bractées* des feuilles plus ou moins modifiées sous le rapport de la forme, des dimensions, de la couleur, et que l'on rencontre sur le pédoncule, au voisinage de la fleur, dans un grand nombre d'espèces. Souvent ces feuilles sont d'un vert qui diffère de celui des feuilles ordinaires ; certaines sont tachetées; d'autres présentent des nuances très-vives, celles du mélampyre des champs, par exemple, celles de l'ormin et de la sauge éclatante. Dans la fritillaire impériale, dans l'ananas, les bractées figurent, par leur réunion au sommet de l'inflorescence, une sorte de couronne ou de chevelure. Dans d'autres espèces, la plupart des mauves, par exemple, elles sont réduites à l'état de petites écailles et forment à la base de chaque fleur un second calice ou *calicule*. Chez les plantes à ombelle et celles à capitule, les bractées sont disposées comme une collerette à la base de l'inflorescence; c'est ce que nous avons appelé l'*involucre*. On considère comme une réunion de bractées l'enveloppe épineuse de la châtaigne, l'enveloppe foliacée de la noisette, la cupule du gland de chêne.

Ce sont encore des bractées qui constituent le cône ligneux des pins, des sapins et des autres arbres verts. Dans le spadice, la *spathe*, cette grande feuille allongée en forme de cornet, tantôt verte, tantôt différemment nuancée qui enveloppe toute l'inflorescence, n'est pas autre chose qu'une bractée. Les *glumes* sèches et pointues des Graminées sont également des bractées.

Le *réceptacle* est l'extrémité évasée du pédoncule, sur laquelle reposent immédiatement les diverses parties de la fleur. Les botanistes le désignent fréquemment sous le nom de *torus*. Le plus ordinairement, le réceptacle ne porte qu'une seule fleur; cependant, chez les plantes à capitule, il constitue un plateau sur lequel s'insèrent, comme nous l'avons vu, un nombre considérable de fleurs. Le réceptacle varie extrêmement dans sa forme et dans son développement. Il est conique dans le chardon, la renoncule, convexe dans la matricaire, aplati dans le soleil des jardins, concave dans l'artichaut, en forme de bouteille dans le rosier; enfin, dans la figue, il se creuse au point de renfermer complétement l'inflorescence.

Le réceptacle peut être considéré comme la terminaison de l'axe floral. Dans quelques circonstances, néanmoins, le pédoncule se prolonge au delà de la fleur, dont il traverse alors le centre; il porte d'autres fleurs après la première à laquelle il a donné naissance. Telles sont les singulières variétés de roses que l'on appelle *roses prolifères*.

Le réceptacle porte, dans un grand nombre d'espèces, certains organes glanduleux, de forme très-variable, sécrétant une matière sucrée, le *nectar*, et désignés sous le nom de *nectaires*. Chez les Crucifères, la giroflée, par exemple, le réceptacle porte quatre de ces glandes, et, chez la plupart des Labiées, il en existe autour et audessous du pistil. Des appareils destinés à la sécrétion d'une matière analogue peuvent se développer, dans la fleur, autre part que sur le réceptacle; on en trouve, chez certaines plantes, à la base des pétales, et, chez d'autres, à la partie supérieure de ces mêmes organes; les Rutacées portent des nectaires au sommet des étamines.

En dehors des nectaires proprement dits, la surface des pétales, dans un grand nombre d'espèces, sécrète une matière sucrée.

Les seuls organes de la fleur proprement dite qui concourent immédiatement à la reproduction, sont ceux que l'on a désignés sous les noms de *pistils* et d'*étamines*. Ces organes renferment tout ce qui est nécessaire à la formation d'êtres nouveaux. Ils peuvent constituer la fleur à eux seuls; mais, plus ordinairement, ils sont entourés d'organes protecteurs ou *enveloppes florales*.

Les botanistes désignent ces enveloppes sous le nom collectif de *périanthe*. On en compte généralement deux : un *calice* et une *corolle*. Ces deux verticilles diffèrent le plus souvent par des caractères bien tranchés. Cependant, certaines espèces, comme le lis, la tulipe, ont leurs deux enveloppes colorées; d'autres, comme l'oseille, les ont toutes deux verdâtres. Dans un grand nombre de plantes, le périanthe est simple, c'est-à-dire formé d'un seul verticille, lequel est tantôt vert, comme dans les Chénopodées, tantôt coloré, comme dans les anémones. Il serait quelquefois assez embarrassant de décider si cette enveloppe unique doit être considérée comme une corolle ou comme un calice. On a préféré, avec raison, lui donner le nom de *périanthe pétaloïde* ou *sépaloïde*, suivant que sa nature la rapproche de la corolle ou du calice. D'un autre côté, le périanthe présente quelquefois plus de deux verticilles; c'est tantôt le calice qui est double, tantôt la corolle; dans ce dernier cas, le nombre des pièces constituant la corolle s'est le plus souvent accru aux dépens du verticille suivant, c'est-à-dire aux dépens des étamines, et cette circonstance explique pourquoi les fleurs ainsi devenues *doubles*, restent généralement stériles. Lorsque les fleurs sont, au contraire, complétement dépourvues d'enveloppe et réduites aux seuls organes reproducteurs, on leur a donné le nom de fleurs *nues* ou *achlamydées*.

Le *calice* constitue l'enveloppe extérieure de la fleur. Il la recouvre, lorsqu'elle est à l'état de bouton, et la protége contre les influences du dehors. La fleur épanouie, le calice tombe immédiatement, dans certaines espèces, le coquelicot, par exemple ; il est ce qu'on appelle *caduc*. Plus généralement, il persiste avec la corolle jusqu'après la fécondation ; souvent même il survit à la chute de la corolle et dure autant que le fruit, à la formation duquel il contribue.

On nomme *sépales* les différentes pièces qui composent le calice. Le calice est dit *polysépale*, *dialysépale* ou *poly-*

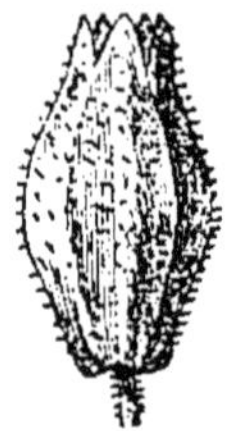

Fig. 113. — Calice monosépale du Silène pendant.

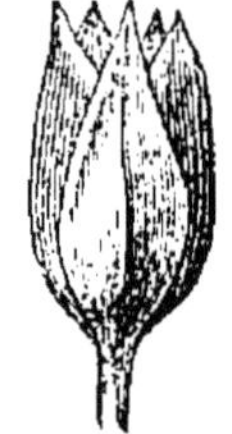

Fig. 114. — Calice polysépale du Lin vivace.

phylle, lorsque les sépales sont complétement indépendants et séparés les uns des autres. Le calice est *monosépale*, *gamosépale* ou *monophylle*, lorsque les sépales sont soudés bord à bord sur une étendue plus ou moins considérable. Dans le cas de soudure des sépales, on appelle *limbe* la portion supérieure généralement évasée du calice, *tube*, la portion rétrécie qui va se fixer au réceptacle ; *gorge* le point de jonction du tube et du limbe. Le calice peut être monosépale avec une corolle polypétale ; il en est ainsi pour les œillets. De même, le nombre des sépales n'est pas nécessairement égal à celui des pétales ; les balsamines, par exemple, ont cinq pétales, et trois sépales seulement. Cette observation pourrait être répétée pour tous les verticilles de la fleur ; en effet, le nombre des étamines et des pistils est loin d'être toujours en rapport avec celui des pétales et des sépales.

Le calice est *régulier* lorsque tous les sépales sont semblables pour la forme et les dimensions. Lorsqu'il n'en est pas ainsi, le calice est *irrégulier ;* exemples : la capucine, l'aconit napel, où le calice est éperonné.

Le nombre des sépales qui composent le calice varie

suivant les espèces. On en trouve deux dans le pavot, trois dans la balsamine, quatre dans le chou, cinq dans les renoncules, six dans l'épine-vinette. Dans les calices monosépales, on peut souvent reconnaître au nombre des divisions le nombre primitif des sépales.

Le calice est ordinairement de couleur verte. Cependant il est rouge dans le fuchsia et le grenadier, jaune dans la capucine. Sa forme, qui rappelle en général l'idée d'un ensemble de petites feuilles, est également susceptible de modifications. Le calice des Graminées est écailleux; celui des Composées figure souvent une sorte d'aigrette. La boule plumeuse du pissenlit est formée d'un grand nombre de calices ainsi modifiés et qui persistent, après la chute des autres parties de la fleur, sur le réceptacle d'une inflorescence en capitule.

La *corolle* constitue l'enveloppe intérieure de la fleur; elle se compose, comme le calice, d'un certain nombre de feuilles modifiées, mais dont le tissu est beaucoup plus délicat que celui des sépales, dont les nervures sont moins saillantes, et dont la couleur est rarement verte. Les *pétales* qui forment la corolle peuvent être complétement libres et indépendants, ou bien soudés entre eux sur une étendue plus ou moins considérable, et la corolle est dite, par suite, soit *polypétale* ou *dialypétale*, soit *monopétale* ou *gamopétale*. Dans la corolle monopétale, on distingue, comme dans le calice monosépale, un *limbe*, un *tube* et une *gorge*. Dans chacune des pièces de la corolle polypétale, on distingue assez généralement une partie supérieure, élargie, nommée *lame*, et une inférieure, rétrécie, nommée *onglet*. L'onglet se trouve très-long dans les pétales de l'œillet, très-court dans ceux de la rose.

La corolle, comme le calice, peut être régulière ou irrégulière. Ce caractère joint à celui que fournit la réunion des pétales, sert à grouper méthodiquement les corolles. Nous donnerons un aperçu de cette classification.

I. Corolles polypétales régulières. — 1° *Corolles rosacées*: de trois à six pétales, sans onglet distinct, et formant une rosace. Exemples : le rosier, le pêcher.

2° *Corolles caryophyllées* : cinq pétales, munis d'un onglet très-allongé, avec un limbe réfléchi sur l'onglet et ordinairement déchiqueté sur le bord. Exemple : l'œillet.

3° *Corolles crucifères* : quatre pétales, opposés deux à deux en forme de croix et présentant généralement un onglet. Exemples : la giroflée, le colza.

II. Corolles polypétales irrégulières. — 1° *Corolles papilionacées* : cinq pétales, de dimensions différentes. Le supérieur, ordinairement plus grand et relevé, se nomme l'*étendard* ; les deux latéraux forment les *ailes* ; les deux inférieurs, tantôt libres, tantôt soudés ensemble par un de leurs bords, portent le nom de *carène*. Exemples : le pois, le haricot, le faux acacia.

2° *Corolles anomales* : corolles dont les pétales bien distincts présentent des différences de formes et d'arrangement autres que celles dont il vient d'être question. Exemples : la pensée, la violette, l'aconit, le pied d'alouette, la balsamine, la capucine.

III. Corolles monopétales régulières. — 1° *Corolles tubulées* : tube long, continué par un limbe presque aussi rétréci. Exemples : la grande consoude, les fleurs centrales d'un grand nombre de Composées, telles que le soleil, la pâquerette.

2° *Corolles campanulées* (en forme de cloche) : corolles s'évasant progressivement depuis la base du tube jusqu'au sommet du limbe, de manière à rappeler la forme d'une cloche. Exemple : la campanule.

3° *Corolles urcéolées* (en forme d'outre) : tube renflé à son milieu, rétréci à la base et à la gorge ; limbe presque nul. Exemples : plusieurs espèces de bruyères.

4° *Corolles infundibuliformes* (en entonnoir) : tube de moyenne longueur, surmonté d'un limbe évasé en entonnoir. Exemple : le tabac.

5° *Corolles hypocratériformes* (en soucoupe) : limbe renversé à angle droit, au-dessus d'un tube cylindrique. Exemples : le jasmin, le lilas, la primevère.

6° *Corolles rotacées* (en forme de roue) : tube court et

cylindrique ; limbe étalant ses divisions comme les rayons d'une roue. Exemples : le myosotis, la bourrache.

7° *Corolles étoilées :* tube également très-court ; divisions

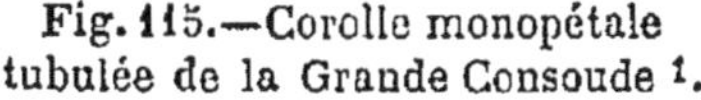
Fig. 115. — Corolle monopétale tubulée de la Grande Consoude [1].

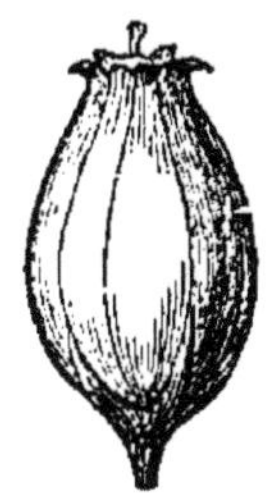
Fig. 116. — Corolle monopétale urcéolée de la Bruyère cendrée.

du limbe étalées, mais très-aiguës et très-allongées. Exemple : le caille-lait.

8° *Corolles digitaliformes :* corolles figurant l'extrémité d'un doigt de gant ou un dé à coudre. Exemple : la digitale.

IV. Corolles monopétales irrégulières. — 1° *Corolles ligulées :* tube fendu d'un côté, de telle sorte que la corolle devient une languette dentelée à sa partie supérieure. Exemples : les fleurs de la circonférence dans l'inflorescence du soleil et de la pâquerette.

2° *Corolles labiées :* tube de dimension variable ; limbe partagé en deux lobes représentant des sortes de lèvres. Exemples : la menthe, la sauge, l'ortie blanche.

3° *Corolles personnées :* limbe à deux lèvres, dont l'inférieure, en se rapprochant de la supérieure, donne à la corolle l'aspect d'un museau fermé. Exemples : le muflier, la linaire.

La forme de la corolle semble être, dans beaucoup de groupes naturels, un caractère d'une grande fixité ; Tournefort s'en est servi pour établir ses divisions des *rosacées*, *cruciformes*, *caryophyllées*, *papilionacées*, *anomales*, *flosculeuses*, *demi-flosculeuses*, *radiées*, *campaniformes*, *infundibuliformes*, *personnées*, *labiées*, etc.

[1] Fig. 115. — *c*, calice. — *t*, tube de la corolle. — *l*, limbe de la corolle. — *s*, stigmate ou extrémité du pistil.

. La durée des corolles est rarement très-longue. La plupart tombent aussitôt que la fécondation est accomplie ; on pourrait cependant citer les bruyères, dont la corolle naturellement sèche et membraneuse se conserve bien longtemps sans altération. Les fleurs réunies en bouquets demeurent fraîches pendant plusieurs jours, lorsqu'on tient leurs pédoncules plongés dans un vase plein d'eau. Il est toutefois nécessaire que l'eau soit renouvelée régulièrement, que l'on place au fond du vase une couche de charbon pulvérisé, enfin, que, par intervalles, on *rafraîchisse* avec un instrument bien tranchant l'extrémité des pédoncules.

On donne spécialement le nom de *fleurs doubles* aux fleurs dont la corolle se compose de plusieurs verticilles, accroissement qui a lieu la plupart du temps aux dépens des étamines. Mais, d'un autre côté, ce nom s'applique encore à la disposition que présentent, par un effet de la culture, certaines fleurs en capitules, lorsque les fleurs du centre, ordinairement petites et peu développées, ont pris tous les caractères des fleurs de la circonférence, et que la coloration est devenue uniforme. Le dahlia, la reine-marguerite nous fournissent un exemple de cette transformation. Chez les hortensia doubles, les calices sont très-développés dans toutes les fleurs qui composent chaque inflorescence, tandis que, dans les hortensia simples, un petit nombre de fleurs seulement présentent un calice ainsi développé.

Les véritables organes de la reproduction, c'est-à-dire les étamines et les pistils, existent en général concurremment sur les mêmes fleurs ; on nomme fleurs *hermaphrodites* celles qui présentent cette disposition. On nomme fleurs *unisexuées* celles qui ne possèdent que des étamines ou des pistils ; les fleurs à étamines sont dites fleurs *mâles ;* les fleurs à pistils, fleurs *femelles*. On appelle plantes *diclines* les plantes dont les fleurs sont unisexuées, et, parmi les plantes diclines, on distingue celles qui sont *monoïques*, c'est-à-dire chez lesquelles les deux espèces de fleurs sont réunies sur la même tige, et celles qui sont *ioïques*, c'est-à-dire chez lesquelles les fleurs staminées et pistillées sont placées sur des tiges différentes. Dans certaines

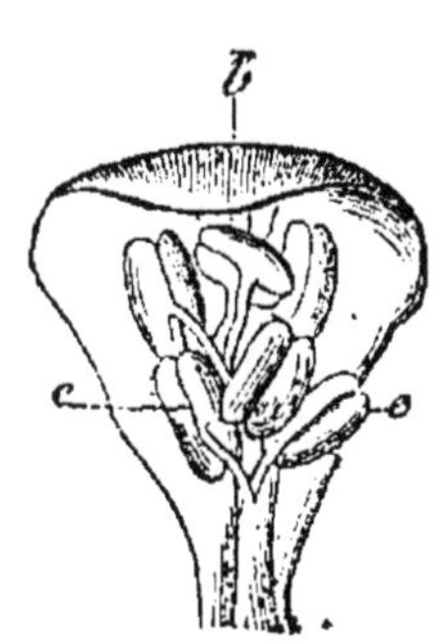

Fig. 117.— Fleur unisexuée staminée du Noisetier.

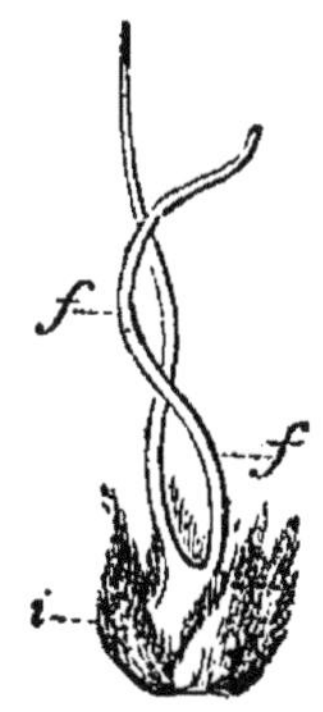

Fig. 118. — Fleur unisexuée pistillée du Noisetier [1].

espèces, on trouve réunies sur la même tige des fleurs hermaphrodites et des fleurs unisexuées.

Les *étamines* constituent le troisième verticille de la fleur complète. Ces organes présentent une forme essentiellement variable, comme le montre la figure 120. Ils se composent généralement d'une partie cylindrique allongée, que l'on nomme *filet*, et d'un renflement supporté par le filet, et que l'on nomme *anthère*. Très-souvent on distingue, entre le filet et l'anthère, un corps interposé, nommé *connectif*, lequel réunit les deux loges de l'anthère. Dans ces loges est enfermée la poussière fécondante ou *pollen*. Lorsque le filet manque, comme chez les aristoloches, les étamines sont dites *sessiles;* lorsque c'est l'anthère qui manque, les étamines sont dites *abortives*. Dans plusieurs espèces, telles que les nymphéa, les étamines, ou, du moins, un certain nombre d'entre elles,

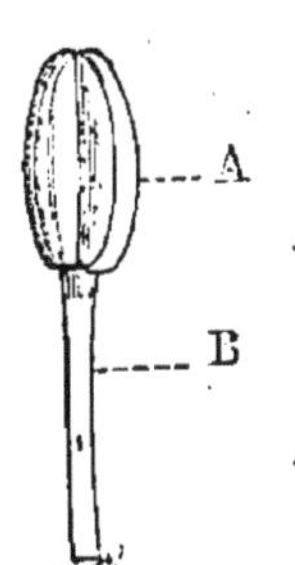

Fig. 119. — Étamine d'une Renoncule. — A, anthère,—B, filet.

1 Fig. 117 et 118.— Fleurs unisexuées du Noisetier. — *b*, bractée écailleuse — *ee*, étamines. — *i*, involucre formé de bractées velues. — *f*, styles qui surmontent l'ovaire.

ont un filet très-élargi et montrent une grande analogie avec les pétales.

L'*anthère* est la partie réellement essentielle de l'étamine. La poussière qu'elle renferme, examinée au micro

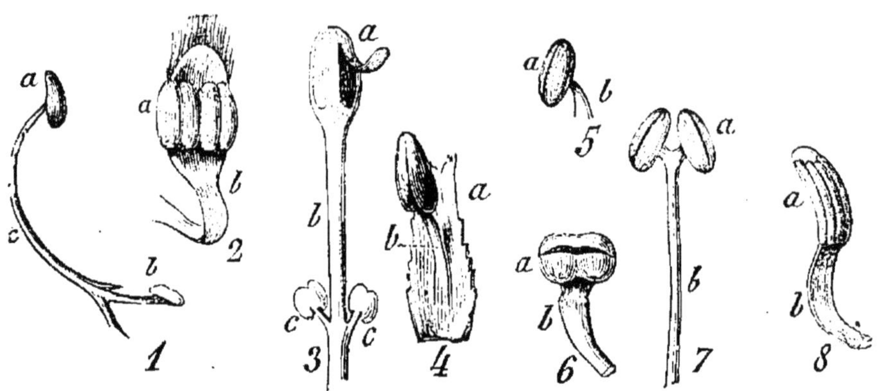

Fig. 120. — Formes diverses d'étamines [1].

scope, se présente comme un amas de granulations dont la forme et la couleur sont également variables. Chaque

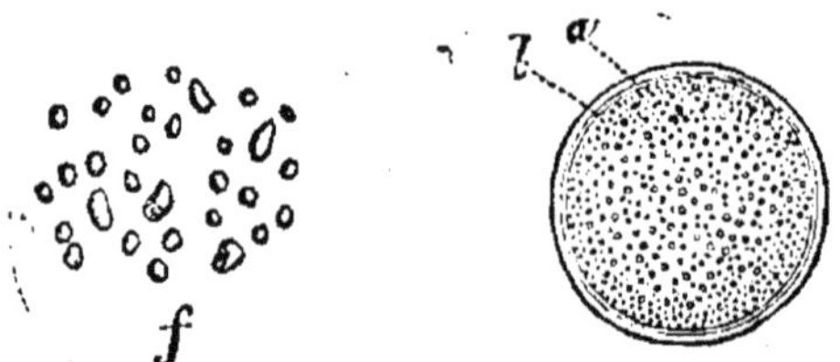

Fig. 121. — Grain de pollen et fovilla [2].

granulation est constituée par deux membranes, à l'intérieur desquelles se trouve un liquide mucilagineux, la *fovilla*. Dans ce liquide, nagent des corpuscules cylindriques, dont la véritable nature est encore inconnue. A une certaine époque, les loges de l'anthère s'ouvrent par une fente longitudinale ou transversale et laissent échapper

[1] Fig. 120. — Étamines : — 1, de la Sauge ; *a*, loge fertile de l'anthère ; *b*, loge stérile ; *c*, connectif ; — 2, de la Pervenche ; *a*, anthères ; *b*, filet. — 3, du Laurier ; *a*, loge de l'anthère ouverte ; *b*, filet ; *c*, étamines avortées. — 4, de la Bourrache ; *a*, anthère ; *b*, filet.—5, du Nerprun ; *a*, anthère ; *b*, filet.— 6, de l'Alchimille, mêmes lettres. — 7, du Tilleul, *id.*— 8, du Nénuphar jaune, *id.*

[2] Fig. 121.— *ab*, les deux enveloppes du grain de pollen. — *ff*, corpuscules de la fovilla.

les grains de pollen; c'est alors que se produit la fécondation.

Il n'existe pas de rapport constant entre le nombre des étamines et celui des pièces qui composent le calice, la corolle ou le pistil. La fleur est dite *isostémone* lorsqu'elle possède un nombre d'étamines égal à celui des pétales, *anisostémone*, dans le cas contraire.

Les étamines peuvent être toutes de même longueur, ou bien un certain nombre sont un peu plus longues que

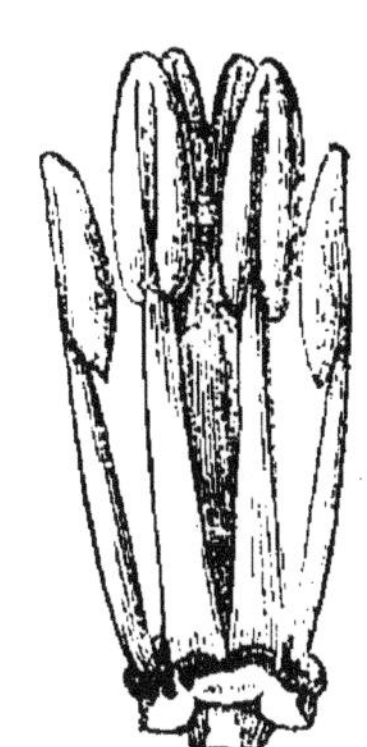

Fig. 122. — Étamines tétradynames de la Giroflée.

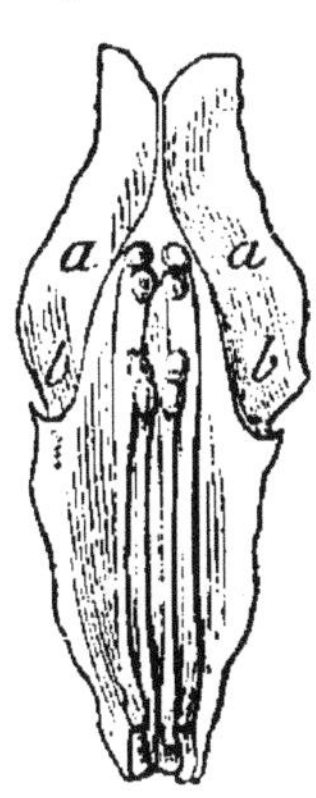

Fig. 123. — Étamines didynames du Muflier; *a*, *b*, anthères.

les autres. Dans le géranium, par exemple, sur dix étamines, on en compte cinq grandes et cinq petites; les giroflées et les autres Crucifères en ont six, quatre grandes et deux petites; les Labiées, quatre, deux grandes et deux petites. Les étamines qui présentent l'arrangement des Crucifères sont appelées *tétradynames*; celles qui présentent l'arrangement des Labiées sont appelées *didynames*.

Considérées relativement à leur insertion, les étamines sont dites *hypogynes* lorsqu'elles sont placées sur le réceptacle, au niveau de la base de l'ovaire, ou plus bas; exemples : les Crucifères, les Renonculacées, etc. ; — *perigynes*, quand elles ont leur point d'insertion au-dessus de celui de l'ovaire; exemples : les myrtes, les églantiers, etc. ; — *épigynes*, lorsqu'elles sont attachées sur le pistil; exemples : les orchis, les aristoloches.

Les étamines peuvent être *libres*, ou bien *soudées* soit

entre elles, soit avec le pistil. Lorsqu'elles sont soudées avec le pistil, comme dans les aristoloches et les orchis, on les nomme *gynandres*. — Lorsqu'elles sont soudées entre elles par les anthères, comme dans les Composées, les étamines sont dites *synanthérées*. — Elles sont dites *monadelphes*, *diadelphes*, *polyadelphes*, lorsqu'elles se sou-

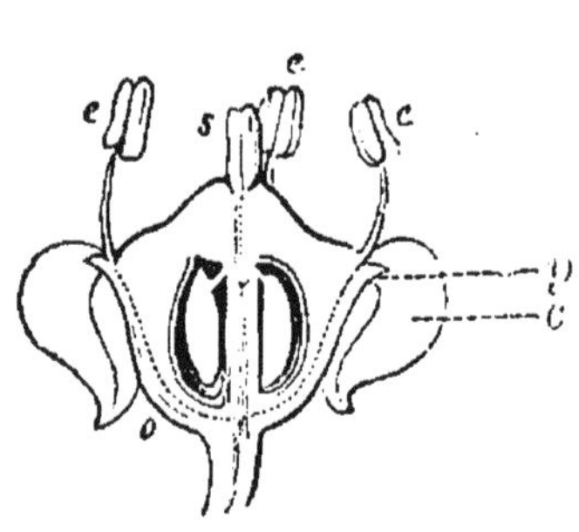

Fig. 124. — Fleur à étamines épigynes de l'Aralia [1].

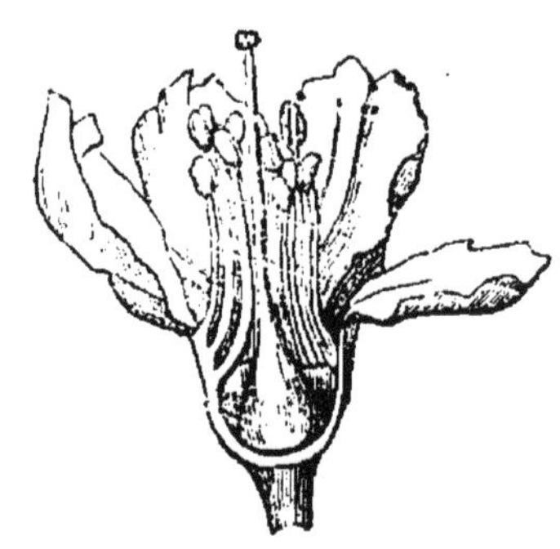

Fig. 125. — Fleur à étamines périgynes de l'Abricotier commun.

dent entre elles par les filets, pour former soit un groupe,

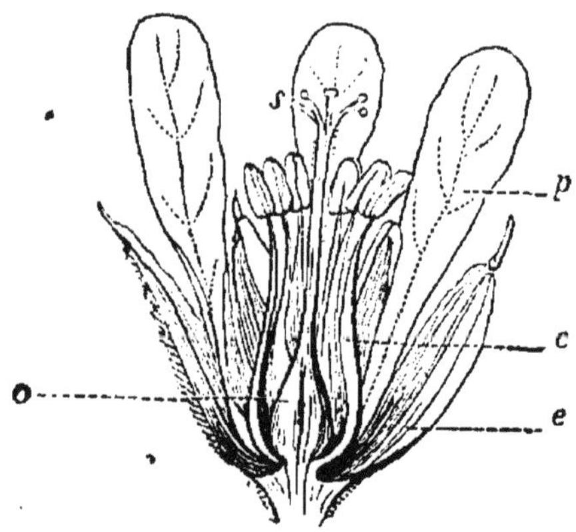

Fig. 126. — Fleur à étamines hypogynes et monadelphes du Géranium Robert [1].

comme dans le lin, soit deux groupes, comme dans le haricot, soit plusieurs groupes, comme dans le melon.

Les étamines sont *incluses* ou *saillantes*, suivant qu'elles

[1] Fig. 124 et 126. — *c*, calice. — *p*, pétales. — *s*, stigmate. — *e*, étamines. — *o*, ovaire.

sont plus courtes ou plus longues que la corolle ; elles sont *introrses* ou *extrorses*, suivant que la face de l'anthère est tournée vers le centre de la fleur ou bien du côté du calice. Les anthères sont *adnées*, lorsqu'elles sont étroite-

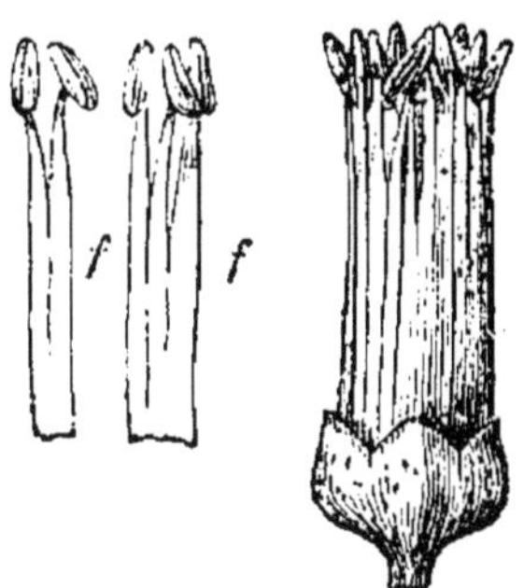

Fig. 127. — Étamines polyadelphes du Millepertuis ; *ff*, faisceaux d'étamines.

ment accolées à l'extrémité supérieure du filet; *oscillantes*, lorsque le connectif forme une sorte de balancier mobile.

Le centre de la fleur est occupé soit par un seul *pistil*, et c'est le cas le plus habituel, soit par plusieurs pistils indépendants les uns des autres. Chacun de ces organes, pris isolément, se compose en général de trois parties : un renflement fixé au réceptacle, l'*ovaire;* une colonne plus ou moins allongée faisant suite à l'ovaire, le *style;* enfin, un appendice terminal, très-varié dans sa forme, le *stigmate*. Quelquefois le style fait défaut; le stigmate s'applique alors immédiatement sur l'ovaire : il est dit sessile. L'ovaire constitue la partie la plus importante du pistil; c'est lui qui renferme les *ovules*, petits organes destinés à devenir des *graines*.

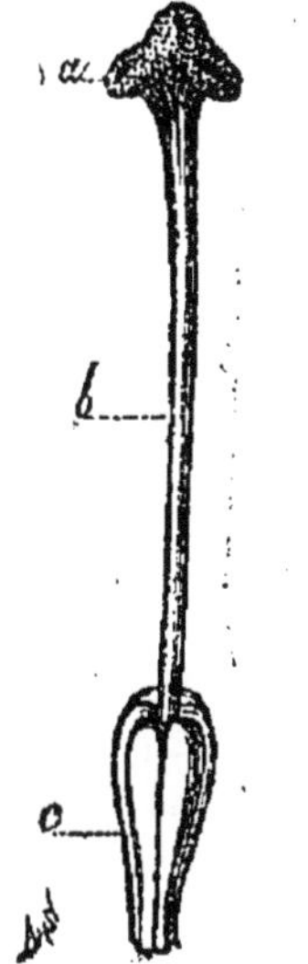

Fig. 128. — Pistil. — A ; ovaire. — B, style. — C, stigmate.

Le *stigmate* est globuleux dans la primevère, filiforme dans le maïs, en pinceau dans la pariétaire, en massue dans l'épilobium, en bouclier dans le pavot, en croix dans la bruyère, en entonnoir dans la pensée ; dans l'iris, c'est une véritable expansion pétaloïde. Le tissu de cet organe est analogue au tissu conducteur; il sécrète à sa surface une liqueur visqueuse, et cette même surface se trouve souvent, comme dans les Graminées, recouverte de poils très-développés.

Le *style* représente ordinairement une colonne cylindrique, dont le centre est rempli par un tissu très-mou, le tissu *conducteur*. Bien qu'il naisse le plus souvent du sommet de l'ovaire, on peut citer des plantes, telles que l'alchimille, où il a son point de départ à la base de l'ovaire; d'autres, telles que le fraisier et l'ailanthe, où il commence sur le côté. Un pistil peut avoir un ou plusieurs styles, et souvent les styles qui surmontent un même ovaire se soudent sur une partie de leur longueur, de manière à figurer au sommet des sortes de branches. On dit alors que le style est *bifide*, *trifide*, *multifide*. On trouve sur certains styles, celui des Composées, par exemple, des poils qui semblent avoir pour fonction de recueillir les grains de pollen.

L'*ovaire* est un corps de forme assez généralement ovale ou arrondie, tantôt visible au fond de la fleur, comme dans le cerisier (*ovaire supère*), — tantôt invisible comme dans le pommier, le poirier (*ovaire infère*).

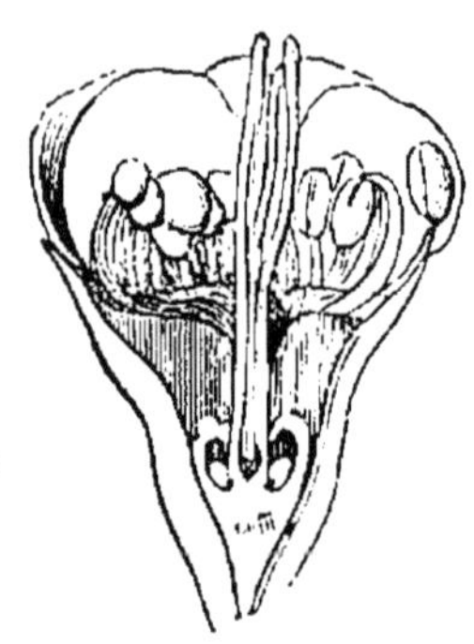

Fig. 129. — Ovaire infère de la fleur du Poirier.

Pour bien saisir les détails relatifs à la structure de cet organe, il est indispensable de remonter à l'origine théorique du pistil. Comme tous les autres verticilles de la fleur, le pistil est formé par une ou plusieurs feuilles modifiées; ces éléments constituants ont reçu le nom de *carpelles*. Supposons qu'il n'existe qu'un seul carpelle au centre de la fleur : il n'y aura qu'un pistil; ce pistil sera nécessairement *simple;* l'ovaire, sauf en certains cas exceptionnels, ne présentera qu'une seule loge. Supposons, au contraire, plusieurs carpelles : ou bien les carpelles resteront isolés, et il y aura plusieurs pistils indépendants, ou bien ces carpelles se réuniront pour former un pistil composé. L'ovaire de ce dernier pistil, suivant la manière dont la réunion se sera faite, présentera soit une seule loge, soit plusieurs loges distinctes. Le nombre des styles ne pourrait pas toujours indiquer le nombre des carpelles soudés pour former l'ovaire. Dans les Graminées, le pistil, quoique formé d'un seul carpelle, porte deux styles, et, dans d'autres plantes, au contraire, un pistil multiple est terminé par un style simple en apparence.

Les ovules représentent des sortes de bourgeons formés à l'intérieur des carpelles. Ils commencent à se montrer longtemps avant la fécondation ; mais ceux qui ont subi l'action fécondante sont les seuls qui achèvent leur développement. Les autres, au contraire, diminuent de volume, disparaissent, sont, comme on dit, *résorbés.* Dans beaucoup d'espèces, quoiqu'il existe toujours, au début, plusieurs ovules, il n'y en a jamais qu'un ou deux qui soient fécondés et qui, par conséquent, se développent.

A son premier état, l'ovule est un simple renflement globuleux, formé de tissu cellulaire, et que les botanistes nomment un *nucelle.* Bientôt, de la base de ce renflement s'élèvent deux membranes, l'une intérieure, le *tegmen*, l'autre extérieure, la *testa*, qui recouvrent entièrement le nucelle, sauf en un point, où subsiste une petite ouverture traversant les deux enveloppes, et que l'on appelle *micropyle.* D'un autre côté, la base du nucelle ne tarde pas à s'allonger en une sorte de cordon ombilical, que l'on nomme *funicule*, et qui, se rattachant aux parois de l'ovaire, reçoit les vaisseaux nourriciers destinés à l'ovule. Quelquefois, une expansion de ce cordon forme autour de l'ovule une troisième enveloppe plus ou moins complète, et que l'on nomme *arille.* On appelle *hile* le point où le funicule se rattache à l'ovule, où, par conséquent, les vaisseaux nourriciers pénètrent dans la première enveloppe. On appelle *chalaze* le point où ces vaisseaux pénètrent dans l'intérieur même de l'ovule. Le hile et la chalaze sont, dans le principe, placés l'un au-dessous de l'autre, à la base de l'ovule et du côté opposé au micropyle. Par l'effet du développement, ces rapports peuvent se trouver dérangés ; mais, quoi qu'il arrive, le micropyle et la chalaze correspondent toujours aux deux extrémités opposées de l'ovule.

En même temps que se forment **la testa** et le tegmen, et

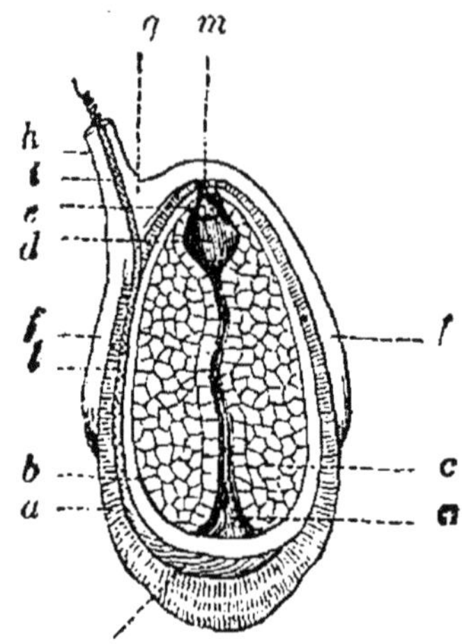

Fig. 130. — Coupe de la graine du Nénuphar blanc[1].

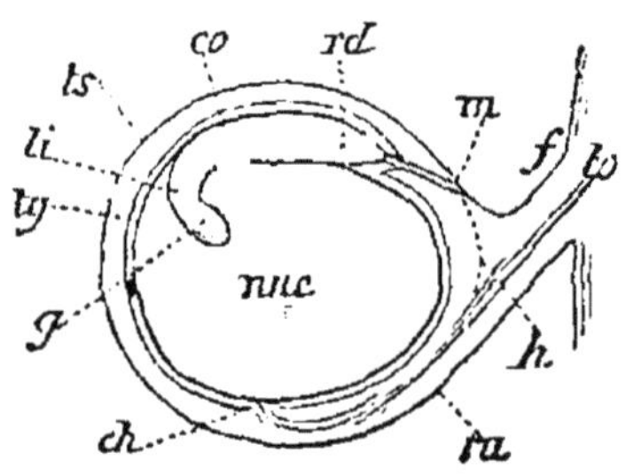

Fig. 131. — Coupe de la graine du Pois commun[2].

que la base du nucelle s'allonge en funicule, le tissu cellulaire intérieur s'organise de manière à constituer une espèce de sac, le *sac embryonnaire*, dans lequel apparaît souvent, avant la fécondation, une petite vésicule remplie d'une matière granuleuse et suspendue par un ligament délicat. Cette vésicule fournira l'*embryon;* on la nomme *vésicule embryonnaire*, et son ligament s'appelle *filet suspenseur*. Le résultat de la fécondation est de produire le développement de l'embryon, en même temps que celui des autres parties qui constituent la *graine*. L'ovaire même subit certaines modifications qui le transforment bientôt en *péricarpe*.

[1] Fig. 130. — Graine du Nénuphar. — *a*, testa. — *b*, tegmen. — *c*, albumen. — *d*, sac embryonnaire. — *e*, embryon. — *f*, arille. — *g*, hile. — *h*, funicule. — *i*, vaisseaux du funicule. — *k*, chalaze. — *l*, raphé, cordon formé par les vaisseaux, depuis le hile jusqu'à la chalaze. — *m*, micropyle.

[2] Fig. 131. — Graine du Pois. — *h*, hile. — *ra*, raphé. — *ch*, chalaze. — *g*, *ti*, *co*, *rd*, embryon. — *tg*, tegmen. — *ts*, testa. — *m*, micropyle. — *f*, funicule. — *to*, vaisseaux du funicule. — *nuc*, cotylédons farineux.

Le nombre des ovules contenus dans la cavité ovarienne diffère suivant les espèces; de là, ces expressions d'*ovaire uniovulé*, *pauciovulé*, *multiovulé*, que l'on rencontre dans les ouvrages de botanique descriptive. On tire des caractères utiles du mode d'insertion des ovules, aussi bien que de leur position relative.

Floraison ; Fructification.

Nous avons vu, dans un précédent chapitre, comment,

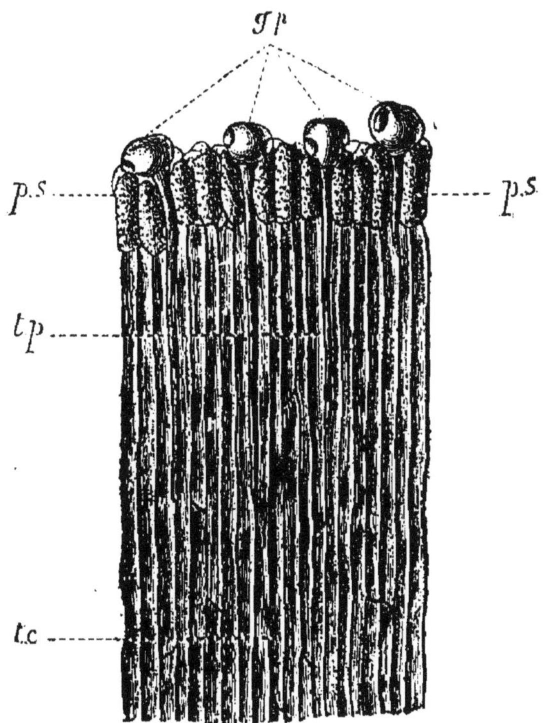

Fig. 132. — Portion de stigmate du Muflier au moment de la fécondation, d'après Ad. de Jussieu[1].

sous l'influence des circonstances extérieures, les bourgeons après être restés stationnaires pendant la mauvaise saison, sortaient tout d'un coup de leur apparente léthargie; comment les rameaux et les feuilles se hâtaient, aux pre-

[1] Fig. 132. — *gp*, grains de pollen. — *ps*, cellules superficielles formant les papilles du stigmate. — *tc*, tissu conducteur, constitué par des cellules allongées. — *t*, tubes polliniques résultant de l'allongement des grains de pollen.

miers soleils, de déchirer leur enveloppe écailleuse. Cette éclatante manifestation de la vie chez les végétaux précède ordinairement de plusieurs semaines l'apparition des fleurs. Cependant, chez beaucoup d'espèces, particulièrement chez les arbres fruitiers, ce sont les fleurs qui se montrent d'abord. Dans l'un et l'autre cas, les feuilles survivent longtemps aux fleurs, dont il ne subsiste plus, sauf un petit nombre d'exceptions, que l'ovaire transformé en fruit. Cette transformation résulte de l'action du pollen sur les ovules. A une certaine époque, les anthères s'entr'ouvrent et laissent échapper la poussière que leurs loges renfermaient. Chez les plantes à fleurs *hermaphrodites*, les grains de pollen tombent tout directement sur le stigmate, et, par l'intermédiaire du tissu conducteur, sont menés jusque dans l'ovaire, où s'établit leur contact avec les ovules encore à peine développés. On n'a pu observer d'une manière bien précise les circonstances au milieu desquelles les ovules entraient dans cette phase toute nouvelle d'existence ; mais il est parfaitement démontré que, chez la plupart des espèces, le contact des éléments polliniques avec les germes contenus dans l'ovaire est pour ceux-ci la condition indispensable de tout développement ultérieur, et que les ovules privés de ce contact s'atrophient et disparaissent.

Chez les plantes *monoïques*, les deux espèces de fleurs se trouvant réunies sur la même tige, on comprend que le pollen puisse encore arriver assez aisément jusque sur le stigmate. Il n'en est plus de même, si les plantes sont *dioïques*, c'est-à-dire si les fleurs staminées et pistillées sont placées sur des tiges différentes. Les tiges d'une sorte seront, en bien des circonstances, séparées des tiges de l'autre sorte par des distances considérables. Le vent seul peut alors transporter le pollen, et la fructification se trouve soumise à une infinité de hasards. Les dattiers sont dioïques, et les Arabes, pour s'assurer des récoltes plus abondantes, secouent sur les dattiers femelles des branches couvertes de fleurs staminées. Tous les ouvrages de botanique renferment des exemples très-curieux de la dissémination du pollen par les courants atmosphériques. Ces particules infiniment légères peuvent être ainsi transportées à plusieurs centaines de kilomètres.

Si les agents extérieurs sont susceptibles de concourir à la fructification, leur intervention est loin de produire toujours des résultats aussi favorables. La grêle hâche les fleurs encore en bouton; le vent les fait tomber; la pluie balaie le pollen à la surface des stigmates. Par suite, les ovules n'entrent point dans leur période de développement; les fruits ne se *nouent* pas. Les agriculteurs ont donné à cette calamité le nom de *coulure*.

L'apparition des fleurs, la formation des fruits déterminent, chez les végétaux, un redoublement d'activité vitale; toutes leurs forces intérieures semblent se concentrer pour la préparation des germes futurs; leur substance même fournit, en dehors des ressources du sol, les éléments destinés aux graines. Une fois ce travail commencé, il s'achève sans qu'il soit nécessaire de laisser plus longtemps le végétal en communication avec la terre. On peut, en toute sécurité, couper les tiges du froment huit ou dix jours avant que les épis soient arrivés à maturité complète.

CHAPITRE XVIII

LE FRUIT

Les différents verticilles qui constituent la fleur n'auraient plus, sauf le pistil, aucune raison de se perpétuer, une fois que la fécondation est accomplie. Dans la plupart des espèces, l'ovaire seul est persistant ; cet organe, en

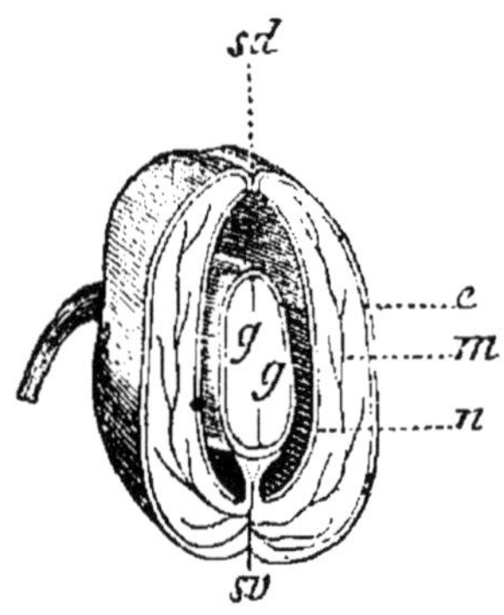

Fig. 133. — Gousse de la Fève de marais ; coupe transversale[1].

effet, usurpe à son profit les sucs qui alimentaient auparavant toute la fleur ; il se développe en même temps que les ovules qu'il renferme ; il devient un *péricarpe*, tandis que ceux-ci deviennent des *graines* : l'ensemble prend le nom de *fruit*.

La nature et l'étendue des transformations que subit l'ovaire varient suivant les espèces. Quelquefois cet organe reste mince et d'apparence foliacée ; mais plus souvent, il s'épaissit, se gorge de sucs, s'encroûte partiellement de matière ligneuse et perd de plus en plus toute analogie avec

[1] Fig. 133. — Coupe montrant la structure du péricarpe. — *sv*, *sd*, sutures de la feuille carpellaire. — *e*, épicarpe. — *m*, mésocarpe — *n*, endocarpe. — *gg*, coupe d'une graine.

une feuille. Néanmoins, il est toujours assez facile de distinguer trois couches dans le péricarpe : l'une extérieure ou *épicarpe*, l'autre moyenne ou *mésocarpe*, la dernière intérieure ou *endocarpe*. Le développement relatif de ces trois parties constitue les différences que l'on observe entre nos diverses espèces de fruits comestibles.

La cerise, l'abricot, la pêche, la pomme, la poire, le melon nous offrent un mésocarpe charnu très-développé. L'épicarpe forme la peau toujours peu épaisse qui recouvre ces fruits. L'endocarpe, dans le melon, n'est qu'une fine membrane, tapissant l'intérieur de la loge où sont enfermées les graines; dans la poire et la pomme, il prend tout à l'entour des pepins une consistance cartilagineuse; dans la cerise, la pêche, l'abricot, il devient complétement ligneux; c'est ce que l'on appelle le *noyau*, et, dans ce noyau, on rencontre la graine.

La noix se compose d'un brou, qui est l'épicarpe uni au mésocarpe, d'un bois, qui est l'endocarpe, et d'une graine singulièrement figurée, qui remplit l'intérieur de la coque. L'amande présente une disposition analogue.

Dans l'orange et le citron, la première enveloppe, mince, jaune, est l'épicarpe; la seconde, blanche, épaisse, est le mésocarpe; la partie charnue et succulente est l'endocarpe, divisé en un certain nombre de quartiers. Les pepins sont noyés dans un tissu adventif, qui s'est formé pendant l'accroissement, et qui remplit les loges.

Les fruits dont le péricarpe présente une consistance charnue parviennent au terme de leur accroissement et le dépassent sans s'ouvrir pour donner issue aux graines. Il en est de même pour un certain nombre de fruits à péricarpe sec; mais, chez la plupart de fruits de cette catégorie, lorsque l'époque de la maturité arrive, le péricarpe s'ouvre et les graines s'échappent au dehors ; c'est ce qu'on appelle la *déhiscence*. Les fruits *déhiscents* sont donc ceux qui s'ouvrent à la maturité, les fruits *indéhiscents*, ceux qui ne s'ouvrent pas, et dont les graines ne deviennent libres que par la décomposition du péricarpe.

D'après des considérations tirées de la nature, du nombre

et du mode d'agrégation des éléments qui les constituent, les fruits peuvent être répartis en quatre groupes : 1° fruits *simples* ou *apocarpée ;* 2° fruits *multiples* ou *polycarpés ;* 3° fruits *composés* ou *syncarpés ;* 4° fruits *agrégés* ou *synanthocarpés*.

I. Fruits simples ou apocarpés. — On range dans cette classe les fruits qui sont formés par un seul carpelle. Les uns sont secs, les autres charnus.

Apocarpés secs. Parmi les fruits apocarpés secs, les uns, tels que la *caryopse*, l'*akène*, la *samare*, sont *indéhiscents ;* les autres, tels que le *follicule* et la *gousse* ou *légume*, sont *déhiscents*.

a. Caryopse. — Fruit sec, indéhiscent, à une seule graine ; péricarpe intimement confondu avec le tégument propre de la graine. Exemples : le blé, l'orge, le maïs.

b. Akène. — Fruit sec, indéhiscent, à une seule graine ; péricarpe distinct. Exemples : le chardon, le pissenlit, le sarrasin.

c. Samare. — Akène dont le péricarpe se prolonge en une lame membraneuse. Exemple : l'orme.

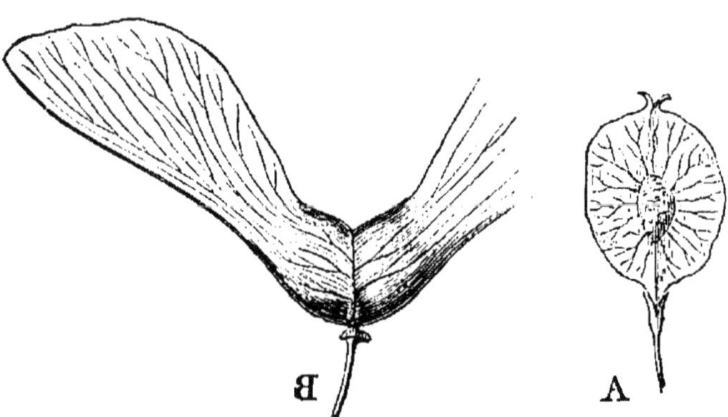

Fig. 134. — B, double samare de l'Érable plane. — A, samare de l'Orme.

d. Follicule.—Fruit sec, déhiscent, à plusieurs graines, généralement d'apparence foliacée, s'ouvrant par une seule fente longitudinale. Exemples : le laurier-rose, l'ellébore, le pied-d'alouette.

e. Gousse ou *légume.* — Fruit sec, déhiscent, à plusieurs graines, s'ouvrant par deux fentes longitudinales. Exemples : le pois, le haricot.

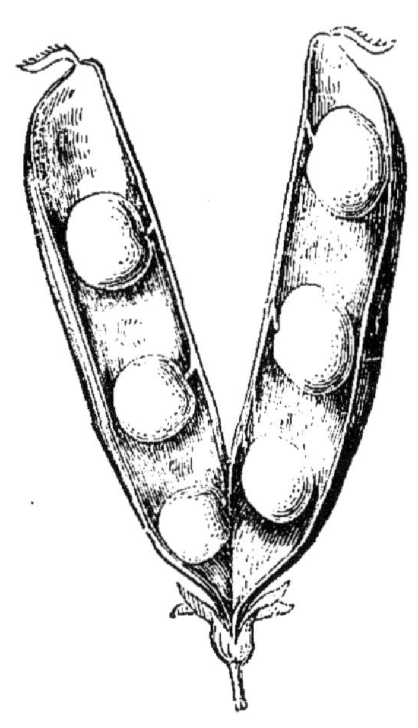

Fig. 135. — Gousse ouverte du Pois commun.

Apocarpés charnus. — Comme fruits apocarpés charnus, nous ne pouvons guère citer que la *drupe* et son dérivé la *noix;* l'un et l'autre sont indéhiscents.

a. Drupe.--Fruit charnu, indéhiscent, à une seule graine; mésocarpe charnu très-développé, avec un endocarpe transformé en noyau. Exemples : la pêche, l'abricot, la cerise.

b. Noix.—Fruit charnu, indéhiscent, à une seule graine ; mésocarpe moins développé et plus coriace que celui de la drupe. Exemples : les fruits de l'amandier, du noyer, du cocotier.

II. FRUITS MULTIPLES OU POLYCARPÉS. — Ces fruits sont formés par plusieurs carpelles distincts, réunis en nombre variable sur un même réceptacle. Nous en citerons comme exemples : la *fraise*, réunion d'akènes sur un réceptacle charnu très-développé, et la *framboise*, réunion de petites drupes sur un réceptacle convexe.

III. Fruits composés ou syncarpés. — Cette classe comprend les fruits qui proviennent de la réunion de deux ou plusieurs carpelles appartenant à une même fleur et soudés entre eux de manière à constituer un ovaire unique. Parmi ces fruits, les uns sont secs, les autres charnus.

Syncarpés secs. Les fruits syncarpés secs se divisent eux-mêmes en indéhiscents et en déhiscents. Parmi les indéhiscents, on compte le *gland* et la *carcérule;* parmi les déhiscents, la *capsule,* la *pyxide*, la *silique* et son dérivé la *silicule.*

a. Gland. — Fruit sec indéhiscent, uniloculaire et ne renfermant plus qu'une seule graine à l'époque de la matu-

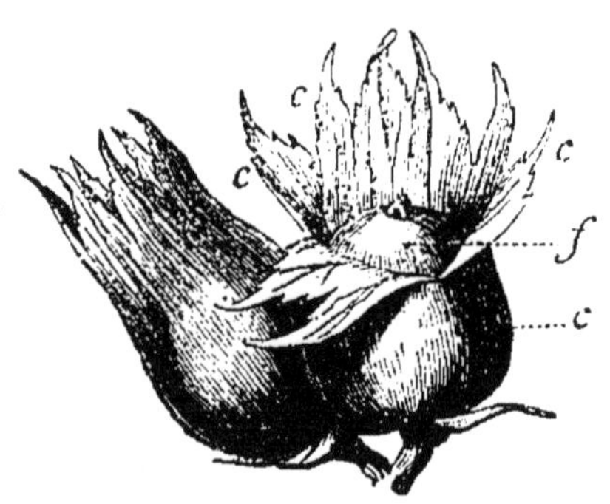

Fig. 136. — Gland du Coudrier noisetier. *cc*, cupule foliacée; *f*, fruit.

rité; portant à sa base un involucre tantôt écailleux, comme dans le chêne, tantôt foliacé, comme dans le noisetier.

b. Carcérule. — Fruit sec, indéhiscent, multiloculaire et à plusieurs graines. Exemples : le tilleul, le grenadier. On peut rattacher à la carcérule le fruit des mauves, de la capucine, des Ombellifères, dont les carpelles se séparent les uns des autres à l'époque de la maturité, sans que, pour cela, s'ouvrent les loges mêmes.

c. Capsule.—Fruit sec, déhiscent, uniloculaire ou pluriloculaire, généralement à plusieurs graines, s'ouvrant par des fentes longitudinales et quelquefois, comme dans le pavot, par des ouvertures pratiquées au sommet du fruit. Exemples: le lis, l'œillet. la digitale.

d. Pyxide. — Fruit sec, déhiscent, uniloculaire ou pluriloculaire, toujours à plusieurs graines, s'ouvrant à l'époque de la maturité par une fente circulaire et horizontale. Exemples : la jusquiame, le mouron rouge, la marmite de singe.

e. Silique et *silicule.* — Capsule à deux loges, s'ouvrant par deux valves opposées, qui restent suspendues à la partie supérieure du fruit et laissent voir une sorte de châssis portant sur ses bords des graines. La silicule diffère de la silique en ce qu'elle est beaucoup plus large et beaucoup moins longue. Ces deux fruits se trouvent chez les Crucifères.

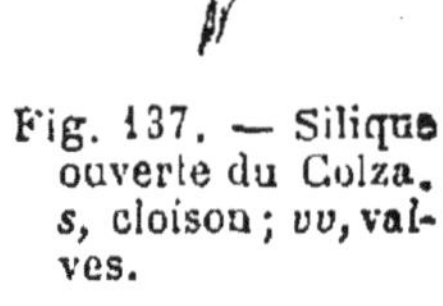

Fig. 137. — Silique ouverte du Colza. *s*, cloison ; *vv*, valves.

Syncarpés charnus. — Sous le nom de fruits syncarpés charnus, on comprend la *baie*, la *pomme* ou *mélonide*, l'*hespéridie* et la *péponide*.

a. Baie. — Fruit charnu, indéhiscent, uniloculaire ou multiloculaire, renfermant une masse pulpeuse, dans laquelle sont plongées les graines. Exemples : le raisin, la groseille, la tomate.

b. Pomme. — Fruit indéhiscent et charnu, dont l'endocarpe est cartilagineux dans la pomme et dans la poire, osseux dans la nèfle.

c. Hespéridie. — Fruit indéhiscent et charnu, multiloculaire et à plusieurs graines ; endocarpe pulpeux, l'épicarpe et le mésocarpe ne formant plus qu'une peau coriace. Exemples : l'orange, le citron.

d. Péponide. — Fruit indéhiscent et charnu, contenant une cavité centrale, aux parois de laquelle sont attachées un grand nombre de graines. Exemples : le melon, le potiron, le concombre, la courge.

IV. Fruits agrégés ou synanthocarpés. — Les fruits de cette classe sont formés par la réunion de tous les ovaires appartenant à une même inflorescence. On distingue le *sorose*, le *sycône*, le *cône*.

a. Sorose. — Réunion de plusieurs fruits charnus, que les folioles du calice, elles-mêmes développées et char-

Fig. 138. — Sorose de l'Ananas, terminé par un bouquet de feuilles.

nues, ont agglomérés en une seule masse. Exemples : les fruits du mûrier, de l'ananas, de l'arbre à pain.

b. Sycône. — Réunion de petits akènes, appartenant à des fleurs différentes mais enfermés dans un réceptacle charnu commun. Exemple : la figue (voir fig. 103).

c. Cône. — Ensemble de graines dépourvues de péri-

Fig. 139. — Cône du Pin.

carpe proprement dit et protégées par des écailles tantôt

indépendantes, comme dans le pin, tantôt soudées en une seule masse, comme dans le cyprès, tantôt même charnues et simulant une sorte de baie, comme dans le genévrier.

Le tableau suivant résume les indications qui viennent d'être données sur la classification des fruits :

Fruits simples ou apocarpés....	Charnus..............		*Drupe.* *Noix.*
	Secs...	Indéhiscents..	*Caryopse.* *Akène.* *Samare.*
		Déhiscents...	*Follicule.* *Gousse.*
Fruits multiples ou polycarpés..	Réunion d'akènes.......		*Fraise.*
	— de drupes.....		*Framboise.*
Fruits composés ou syncarpés..	Charnus..............		*Baie.* *Pomme.* *Péponide.* *Hespéridie.*
	Secs...	Indéhiscents..	*Gland.* *Carcérule.*
		Déhiscents...	*Capsule.* *Pyxide.* *Silique.* *Silicule.*
Fruits agrégés ou synanthocarpés......................			*Sorose.* *Sycône.* *Cône.*

La graine n'est autre chose que l'ovule développé après la fécondation. Nous avons déjà vu quelles étaient les parties constituantes de l'ovule ; ces mêmes parties se retrouvent dans la graine avec quelques modifications ; il s'y joint, dans beaucoup d'espèces, un nouvel élément dont il sera question tout à l'heure, l'*albumen.*

On distingue dans la graine parvenue à complet état de développement : 1° les *téguments ;* 2° l'*amande.*

Les *téguments* de la graine sont constitués par les deux membranes *testa* et *tegmen.* Ces deux membranes finissent, en général, par se souder l'une à l'autre. Les téguments, dans certaines espèces, se développent en forme d'ailes ; dans d'autres, ils portent des houppes de poils blancs et soyeux ; c'est ce qu'on nomme la *soie végétale.* Le *coton* est l'espèce de bourre qui recouvre la graine du cotonnier, arbrisseau de la famille des Malvacées. La substance des téguments est formée de principes réfractaires aux actions digestives ; la décortication a pour objet de séparer cette partie inutile dans les graines alimentaires.

En dehors des téguments, se trouve souvent une enveloppe supplémentaire plus ou moins complète, expansion du funicule ou repli des téguments mêmes ; dans le premier cas, l'*arille*, dans le second, l'*arillode*. Telle est l'origine du *macis* qui recouvre la noix muscade.

L'*amande* comprend tout ce qui est contenu à l'intérieur des téguments. Les graines, relativement à la constitution de l'amande, peuvent être séparées en deux catégories : 1° celles dont l'amande se compose seulement de l'*embryon* avec ses différentes parties ; 2° celles dans l'amande desquelles on distingue, indépendamment de l'*embryon*, un *albumen* destiné à l'alimentation de l'embryon, et dont les fonctions se rapprochent beaucoup de celles du blanc de l'œuf chez les oiseaux.

L'*albumen* est un corps de nature cellulaire, renfermant dans ses utricules des éléments variables suivant les espèces, tantôt de la fécule, tantôt des huiles, des sucs mucilagineux, etc. Il peut être farineux, comme dans le blé, ou bien huileux, comme dans le ricin, ou bien corné, comme dans le café. L'albumen constitue généralement à lui seul la plus grande partie de l'amande ; il se sépare facilement de l'embryon, et l'on a mis cette propriété à profit lorsqu'il s'agissait, comme pour le maïs, d'extraire un embryon huileux de l'albumen farineux auquel, en rancissant, il pouvait communiquer une saveur désagréable.

L'*embryon* est la partie essentielle de la graine ; c'est une plante en miniature, qui n'attend plus que sa séparation de la tige mère pour reproduire, moyennant des circonstances favorables, un individu entièrement semblable à celui qui lui a donné naissance. On peut distinguer dans l'embryon trois parties : la radicule, la tigelle et les cotylédons. La *tigelle* représente l'axe ascendant ; elle se termine supérieurement par un bourgeon de feuilles à l'état rudimentaire, la *gemmule*. A l'autre extrémité, en un point assez difficile à saisir, que l'on nomme le *collet*, vient se souder l'axe descendant ou *radicule*. Sur la tigelle, entre la gemmule et la radicule, il existe tantôt un, tantôt deux appendices, que l'on appelle *cotylédons*. Les plantes *monocotylédonées* sont celles dont l'embryon présente un seul cotylédon ; les plantes *dicotylédonées*, celles dont l'embryon présente deux ou plusieurs cotylédons. Ce caractère distinctif semble de peu d'importance au premier abord ; cependant il implique, comme nous le verrons plus tard, à propos de la classification, des différences de structure extrêmement considérables. Lorsque l'embryon

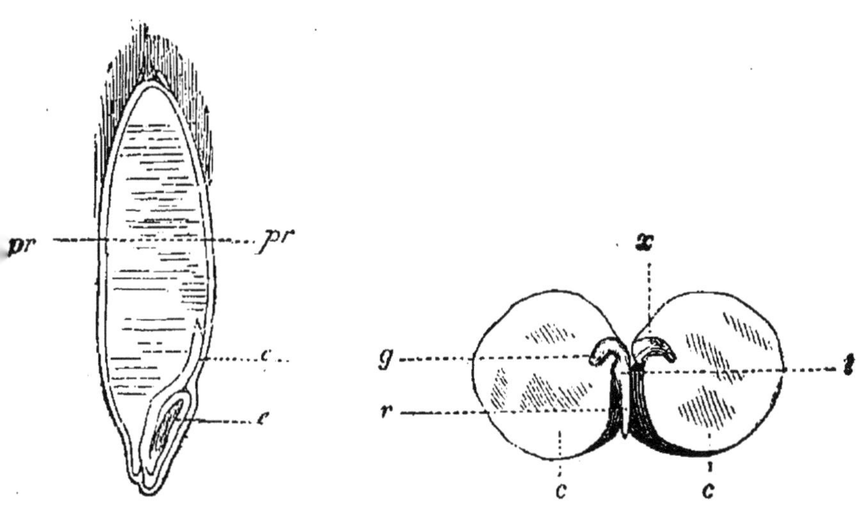

Fig. 140. — Embryon monocotylédoné du Blé [1].

Fig. 141. — Embryon dicotylédoné du Pois [2].

est dicotylédoné, sa radicule se développe immédiatement à l'extrémité inférieure de la tigelle, avec laquelle son point de séparation est presque insensible. Au contraire, lorsque l'embryon est monocotylédoné, le véritable axe primaire de la radicule ne se développe pas et forme comme un moignon, d'où naissent des radicules secon-

1. Fig. 140. — Embryon du Blé. — *c*, cotylédon. — *e*, plantule, comprenant la tigelle et la radicule. — *pr*, albumen farineux.

2. Fig. 141 — Embryon du Pois. — *cc*, cotylédons. — *r*, radicule. — *t*, tigelle. — *g*, gemmule. — *x*, cavité du cotylédon, où se plaçait la gemmule avant que l'embryon fût étalé.

daires, assez longtemps reconnaissables aux lambeaux d'épiderme qui entourent leur base.

Les *cotylédons*, peu développés dans les graines pourvues d'un albumen, acquièrent, au contraire, un très-grand développement dans les graines dépourvues de ce réservoir nourricier. Ce sont eux qui subviennent alors à l'alimentation de l'embryon.

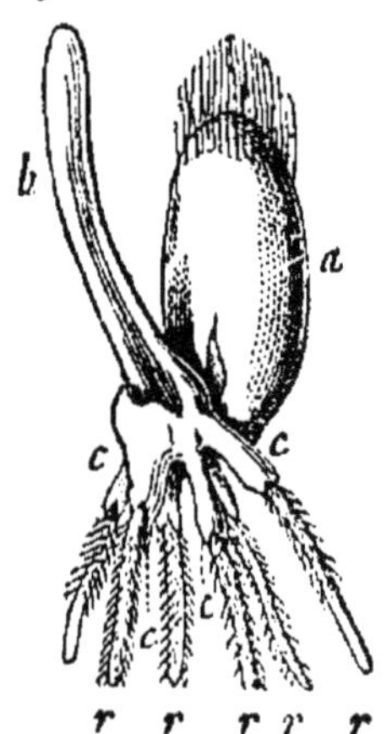

Fig. 142. — Développement des radicules secondaires de l'embryon du Blé [1].

On a désigné sous le nom d'*acotylédonés* les végétaux dépourvus de graines, ou bien dont les graines ne présentent pas de cotylédons et diffèrent, d'ailleurs, sous presque tous les rapports, des graines appartenant aux végétaux cotylédonés.

1. Fig. 142. — Embryon du Blé. — *a*, grain. — *b*, tigelle. — *r*, *r*, radicules. — *c*, *c*, lambeaux épidermiques.

GÉOLOGIE

Les études de la première année sont une simple préparation à l'enseignement régulier et méthodique des années suivantes. Elles ont pour objet la géologie locale sur une surface plus ou moins étendue. Les élèves s'exercent à explorer une région donnée; à reconnaître sur place les différentes formations; à constater leur ordre de superposition, leurs différences de stratification; à représenter par des croquis la disposition des couches; à recueillir des échantillons des roches, des minéraux, des fossiles; à déterminer la nature de ces échantillons.

Les études comprises dans cette énumération sont susceptibles de varier infiniment suivant les localités; elles comportent essentiellement la direction et la présence du professeur, qui devra suppléer, dans bien des cas, par ses explications, à l'absence de notions préalables.

Nous nous sommes proposé, en rédigeant cet ouvrage, de suivre pas à pas le programme dans ses développements successifs : nous n'avons donc rien à ajouter aux indications très-détaillées qu'il fournit sur la manière dont doivent être comprises les explorations géologiques.

Après avoir parcouru ce programme, reproduit intégralement au commencement du volume, nos lecteurs reconnaîtront qu'il nous serait d'une impossibilité absolue de les suivre dans cette étude purement locale, et pour laquelle il faudrait autant d'ouvrages différents qu'il existe d'endroits susceptibles d'être explorés. Nous indiquerons, comme auxiliaires indispensables, les cartes géologiques des départements, dressées par les ingénieurs des Mines ou des Ponts et Chaussées, cartes en général très-exactes, très-complètes, très-détaillées et dont certaines comprennent plusieurs feuilles. Nous ne voulons pas, d'ailleurs, dissimuler la difficulté souvent très-grande de ces reconnaissances géologiques, pour la réussite desquelles on ne saurait trop rechercher le concours d'hommes spéciaux, familiarisés avec l'étude des localités, conducteurs des Ponts et Chaussées, gardes-mines, etc. On trouvera, dans l'appendice qui va suivre, quelques notions pratiques sur l'outillage des excursions, sur la récolte des fossiles, la préparation des échantillons. Nous insisterons, en terminant, sur l'extrême circonspection avec laquelle on doit toujours entreprendre les explorations souterraines.

APPENDICE.

INDICATIONS

RELATIVES AUX EXERCICES PRATIQUES QUI SONT COMPRIS DANS LE NOUVEAU PROGRAMME.

Le nouveau programme de l'enseignement des sciences naturelles implique une association constante de la pratique à la théorie. Les élèves ne devront plus se contenter de meubler leur mémoire d'un certain nombre de définitions ; il faudra qu'ils étudient sur les animaux mêmes la structure et la disposition des organes; il faudra qu'ils s'exercent à l'emploi de la loupe et du microscope; il faudra qu'ils recueillent les plantes, qu'ils forment des herbiers, qu'ils collectionnent et classent les roches, les espèces minérales, les fossiles. L'enseignement dont nous sommes chargé à l'École Turgot est organisé depuis dix ans dans cet esprit; nous n'avons pas besoin de dire, par conséquent, combien nous nous associons aux idées exprimées dans le nouveau programme. Nous rentrerons encore plus complétement dans ces vues, en ajoutant aux chapitres qui précèdent quelques indications relatives à des exercices qui offriront, peut-être, à beaucoup de personnes, en même temps que l'attrait de la nouveauté, les difficultés inséparables d'un travail auquel on n'était pas habitué.

Lorsqu'il a été question de la dissection d'un lapin, dans le premier chapitre de la Zoologie, nous avons expliqué, avec un certain détail comment il fallait s'y prendre pour ouvrir les grandès cavités et mettre à nu les viscères importants. Ce que nous avons dit, à propos du lapin, s'appliquerait aussi bien aux autres mammifères, et même, d'une manière générale, à tous les animaux vertébrés.

Les élèves, pour bien constater les différences d'organisation, répéteront utilement sur un oiseau, sur un reptile, sur un batracien, sur un poisson, le travail qu'ils auront fait préalablement sur un lapin, un rat, un chat ou un écureuil. Ils n'ont à se préoccuper, dans la première année du cours, que de la disposition générale des organes, ils emploieront les instruments qui leur ont servi pour l'étude du lapin, des ciseaux, des scalpels, des pinces. Ces ustensiles se trouvent réunis dans les *boîtes de dissection* que l'on peut se procurer à bon compte chez les marchands d'instruments de chirurgie. Il n'est pas sans importance de recommander une extrême propreté pour les instruments employés aux travaux d'anatomie. Les matières organiques, en se décomposant, donnent naissance à des poisons infiniment dangereux, et les débris presque imperceptibles restés adhérents aux lames des ciseaux ou des scalpels peuvent rendre mortelles les piqûres produites par ces instruments.

Nous avons vu, à propos des vertébrés, que le squelette constituait la charpente solide de tous ces animaux, et qu'il déterminait la forme et les dimensions du corps. Aussi, dans les collections bien faites, a-t-on soin d'offrir aux regards, pour chaque espèce intéressante, à côté de la peau, le squelette de l'animal. Il est certain que, pour l'étude, le squelette, qui nous révèle tant de détails d'organisation, est bien plus utile que la peau, qui ne reproduit que des linéaments extérieurs. Malheureusement, les squelettes préparés se vendent fort cher. Lorsqu'il s'agit de petits animaux, on arrive sans trop de peine à préparer soi-même des squelettes qui n'ont pas, à la vérité, le fini des préparations faites par les artistes, mais qui sont bien suffisants pour les collections destinées à l'étude. On enlève avec un scalpel, sur l'animal dépouillé de sa peau et de ses viscères, toute la chair qu'il est possible de détacher sans atteindre les os et surtout les ligaments qui retiennent les os. On laisse macérer dans l'eau, pendant un certain temps, la pièce ainsi dégrossie ; puis, on la place dans un endroit aéré, où elle puisse subir librement l'action alternative de la pluie et du soleil. Les os se dépouillent ainsi de toute la matière étrangère ; en même temps, ils blanchissent, et il ne reste bientôt plus qu'à donner au squelette sa position naturelle, en ramollissant les ligaments, et en assujétissant les os par le moyen de quelques fils de fer ou de laiton.

L'empaillage des animaux constitue un art difficile et nécessite un matériel quelque peu dispendieux. Nous ne pourrions donner ici que des détails tout à fait insuffisants. Nous préférons donc renvoyer nos lecteurs au *Manuel du Naturaliste préparateur* de la collection *Roret*, manuel rempli d'utiles recettes et de renseignements du plus grand intérêt. Cependant, nous croyons devoir indiquer brièvement le procédé fort simple au moyen duquel on met les animaux *en peau*, c'est-à-dire dans un état où la peau devient susceptible de se conserver jusqu'à l'époque où l'on trouvera l'occasion de la monter ou de la faire monter. Ce procédé s'applique particulièrement aux oiseaux ; aussi prendrons-nous d'abord un oiseau pour objet de démonstration.

L'animal fraîchement tué est placé sur le dos. On écarte les plumes, de manière à découvrir la peau sur une ligne partant de l'œsophage pour rejoindre l'extrémité du sternum, et l'on pratique sur toute cette longueur une incision qui doit n'intéresser que le tégument. De chaque côté de l'incision, au moyen d'une pince, on soulève la peau, et, s'aidant du manche du scalpel, on la sépare des muscles, jusqu'à ce que l'on soit arrivé sous l'aile. Au fur et à mesure, les parties séparées sont saupoudrées de plâtre bien fin, de manière qu'elles ne puissent plus contractér d'adhérence. Lorsque la naissance de l'aile se trouve à découvert, on coupe avec des ciseaux la chair, les tendons, les ligaments qui retiennent le membre à l'épaule, et on l'isole ainsi complétement du tronc, en ménageant soigneusement la peau, qui ne doit présenter aucune solution de continuité. On sépare de même le cou, avec les mêmes précautions relativement à la peau.

Renversant ensuite la peau du tronc pour la faire descendre vers la queue, on découvre le dos, la naissance des cuisses, et l'on coupe l'articulation du fémur, à la base du croupion dont on laisse l'extrémité engagée dans la peau. Le tronc peut dès lors être enlevé, et il ne s'agit plus que de retirer de la tête et des membres restés adhérents à la peau la chair et les diverses matières qui ne sauraient être conservées sans inconvénient. Pour cela, on retrousse le plus loin possible, et toujours avec grand ménagement, la peau qui recouvre les membres ; on enlève la chair et les tendons ; on racle les os ; enfin, après avoir passé les surfaces au plâtre, on remplit les vides avec du coton ou de la filasse. Quant à la tête, on retourne également la peau, en commençant par le cou et la base du crâne, et l'on fait glisser les téguments, par de légères secousses, jusqu'à ce qu'on arrive à la base du bec. Une incision pratiquée dans le cou facilite cette opération, si les dimensions de la tête ou du bec l'exigent. Cela fait, on enlève les yeux, les muscles, la cervelle, et l'on termine en ramenant la peau sur le crâne.

Après toutes ces opérations, on n'a plus entre les mains que la peau de l'animal, avec les parties osseuses de la tête et des membres. Ces parties sont conservées, parce qu'il serait impossible sans elles de donner à l'oiseau, quand on le *monte*, sa physionomie naturelle. Pour achever la préparation, il reste à enduire intérieurement la peau d'un liquide préservateur, et à la bourrer de manière à bien lui conserver son volume primitif. La liqueur préservatrice consiste en une solution aqueuse de savon arsenical. Tous les pharmaciens fournissent ce savon. L'emploi des matières arsenicales étant toujours dangereux, on pourrait remplacer le liquide indiqué plus haut par une solution d'alun, ou bien par du suif fondu. Le bourrage s'effectue en remplissant avec du coton ou de la filasse l'espace occupé primitivement par le tronc, par le cou, par les parties molles de la tête et des membres inférieurs. Les ailes sont laissées dégarnies; mais on ramène vers le milieu du dos les deux humérus, et on les assujétit avec du gros fil, de manière qu'ils se touchent presque. Quand tous les vides sont bien remplis, sans que toutefois la peau soit distendue, on rapproche, au moyen d'une épingle ou de quelques points de couture, les deux bords de l'incision faite au début de l'opération.

Les mammifères se dépouillent comme les oiseaux. On incise les téguments, depuis le sommet du sternum jusqu'à quelques centimètres de l'anus, on détache la peau des muscles sous-jacents et l'on avance avec précaution, jusqu'à ce que l'on rencontre les membres, que l'on isole du tronc en coupant l'articulation du fémur avec l'os iliaque et celle de l'humérus avec l'épaule. On achève le dégagement du tronc, en coupant les vertèbres du cou près du trou occipital, et celles de la queue près du sacrum. Les parties molles de la tête et des membres sont enlevées avec précaution; on a soin de laisser aux jambes de derrière le tendon d'Achille, et l'on retire du fourreau de la queue toute la partie osseuse. Lorsque la peau est entièrement dépouillée, on la débarrasse de la graisse en se servant de ciseaux ou d'un couteau bien affilé; on l'enduit intérieurement de liquide préservateur, ou bien on la frotte avec de l'alun pulvérisé; enfin, on la bourre de filasse ou de coton, comme on fait quand il s'agit d'un oiseau.

Les reptiles et les poissons peuvent se mettre en peau par des procédés analogues à ceux qui viennent d'être indiqués sommairement; mais le moyen de conservation le plus facile consiste à les tenir dans des bocaux bien bouchés et renfermant de l'alcool à 16 ou 18 degrés de l'aréomètre de Baumé.

Nous passerons sans transition de la préparation des animaux vertébrés à la recherche et à la préparation des insectes. La recherche des insectes est une des occupations les plus agréables et les plus intéressantes auxquelles on puisse se livrer à la campagne, durant la belle saison. L'équipement du chasseur est peu coûteux. Il est contenu dans une boîte légère et portative, à laquelle on joint deux ou trois filets susceptibles de se fixer à l'extrémité d'un manche. Ce manche sert au besoin de canne.

La boîte est faite de carton solide ou de bois blanc ; une bandoulière de cuir ou de toile permet de la porter comme un carnier. Le fond, ainsi que le couvercle, est garni de plaques de liége. On enferme dans un compartiment : une pelote couverte de longues épingles à insectes ; quelques petites boîtes de carton percées de trous et destinées à recevoir les chenilles ; une fiole bien bouchée, remplie d'esprit-de-vin et dans laquelle on jette, chemin faisant, pour les tuer, les insectes dont les couleurs n'ont rien à craindre de l'action de l'alcool ; une autre petite fiole, également bien bouchée, et pleine d'ammoniaque en prévision des piqûres ; enfin, une pince longue pour saisir les insectes fortement armés.

Les filets sont de trois sortes : 1° un filet de gaze, semblable à ceux dont on se sert pour les papillons ; 2° un filet de canevas ou *troubleau*, pour pêcher les insectes aquatiques ; 3° une poche de forte toile, pour traîner sur le sol des prairies et recueillir les insectes qui vivent au ras des herbes. Il est inutile d'ajouter que l'on prend seulement ceux de ces filets dont on pense avoir l'occasion de se servir dans l'excursion.

A mesure que l'on capture des insectes, on les jette dans la fiole à esprit-de-vin, ou bien on les pique au moyen d'une épingle, et on les fixe sur une des plaques de liége de la boîte. Les Coléoptères se piquent généralement sur l'élytre droite ; les insectes des autres ordres et les Arachnides, sur le corselet. L'épingle doit être très-solidement fixée sur le liége, surtout lorsqu'il s'agit d'individus d'une certaine taille et d'une certaine force, qui pourraient se détacher et causer du dégât dans la boîte. Les Papillons, dont les ailes sont couvertes d'une fine poussière écailleuse, ne peuvent être jetés dans la fiole, et, lorsqu'on les pique vivants, ils se détériorent facilement par le mouvement de leurs ailes. On les tue, pendant qu'ils sont encore dans le filet, en pressant doucement leur corselet entre le pouce et l'index. Du reste, les plus beaux échantillons de Lépidoptères sont ceuxqu'on obtient en recueillant des chenilles vivantes, et en les nourrissant avec les feuilles des végétaux sur lesquels on les a trouvées, jusqu'à l'époque où elles se transforment en chrysalide. Cette transformation opérée, on n'a plus qu'à attendre l'apparition de l'insecte parfait.

Les insectes ont des habitudes et des stations bien déterminées. On trouvera dans les ouvrages spéciaux, particulièrement dans le *Manuel du Naturaliste*, déjà cité, des indications précises sur les endroits où il convient de chercher les principales espèces et sur les époques où la recherche peut être fructueuse.

Au retour de la chasse, le premier soin du collectionneur doit être de tuer sur-le-champ ceux des insectes piqués sur les liéges qui se trouvent encore vivants. On y réussit, pour les insectes à ailes non écailleuses, en les plongeant dans l'éther, dans l'alcool, dans l'essence de térébenthine. Cette précaution est nécessaire, car on a vu des insectes vivre pendant plus d'une année sur l'épingle qui les transperçait. Cela fait, il ne reste plus en général qu'à piquer à nouveau les insectes sur le liége des boîtes de collection, en ayant soin de remettre avec une pince les ailes, les antennes et les pattes dans leur position naturelle. Une étiquette indicative du genre et de l'espèce est fixée au bas de chaque épingle. Les très-petites espèces sont collées avec un peu d'eau gommée sur une fine lamelle de talc. Les Lépidoptères demandent un peu plus d'apprêt. Il faut les faire séjourner d'abord sur une petite planchette traversée dans sa longueur par une rainure qu'occupe le corps de l'insecte, tandis que les ailes sont maintenues horizontalement par des pièces de carton mince que l'on fixe sur la planchette au moyen d'épingles. Lorsque les papillons sont desséchés, on les place dans leurs cadres respectifs.

La botanique serait une des sciences les plus sèches et les plus rebutantes, si les connaissances péniblement acquises par les livres ne trouvaient pas dans l'étude des végétaux mêmes leur plus immédiate et leur plus intéressante application. Cette étude est le complément indispensable de tout enseignement, quelque réduit qu'on le suppose. Ce n'est qu'en maniant les plantes, en analysant patiemment leur structure, leurs formes, que l'on parvient à fixer dans la mémoire les détails infinis de l'organographie végétale; c'est alors seulement que l'on comprend l'importance des définitions, en apparence si dénuées d'intérêt, qui constituent les premiers éléments de la botanique. Les plantes cultivées dans les jardins ou vendues sur les marchés sont loin d'offrir un objet d'étude complètement satisfaisant ; car l'effet presque inévitable de la culture est de modifier les caractères naturels des diverses espèces, aussi bien que leurs conditions normales d'existence. Si l'on tient à observer les types dans leur pureté originelle, il faut diriger de préférence ses investigations sur les plantes qui croissent spontanément, sans être soumises à l'influence de l'homme. Chercher ces plantes, c'est *herboriser ;* les préparer en vue d'assurer leur conservation, c'est former un *herbier*.

Nous pouvons répéter ici ce que nous avons dit tout à l'heure relativement à la recherche des insectes. En dehors de leur utilité scientifique, les herborisations constituent la diversion la plus saine, la plus agréable que l'on puisse imaginer pour les jeunes gens absorbés par des études sédentaires. Nous emprunterons aux *Eléments d'histoire naturelle* que nous avons publiés pour l'usage des élèves de l'Ecole Turgot, quelques notions relatives à la recherche des plantes et à la préparation des herbiers. On trouverait, au besoin, des détails beaucoup plus complets dans l'excellent *Guide du Botaniste* de M. Germain de Saint-Pierre, et dans l'ouvrage de M. Verlot, intitulé : *Guide du Botaniste herborisant.*

Lorsque l'on herborise, il est nécessaire que l'on puisse déterminer rapidement le genre et l'espèce des plantes que l'on rencontre. Il existe pour cela des ouvrages spéciaux, peu dispendieux et très-portatifs, que l'on appelle des *synopsis ;* tels sont, pour les explorations faites dans le bassin de Paris, les Synopsis de *Bautier*, *Cosson* et *Germain*, *de Fourcy*. Sous le titre de *Flore parisienne*, MM. Cosson et Germain de Saint-Pierre ont publié une description très-complète des espèces qui croissent dans la région qui a Paris pour centre. Il existe pour les autres régions de la France des *flores* locales qui seront consultées avec une grande utilité.

Quant à l'attirail nécessaire pour les excursions, contentons-nous de mentionner sommairement : une boîte de fer-blanc, en forme de cylindre comprimé, de 40 à 45 centimètres ; — un déplantoir de jardinier, ou bien une houlette d'acier à forme ovale, avec un manche de 2 à 3 décimètres ; — une forte serpette ; — une loupe à 2 branches; — une paire de petites pinces ; — des étiquettes de papier et un crayon.

On ne récolte point les plantes destinées aux études botaniques comme s'il s'agissait d'en former un bouquet. Il faut, autant que possible, recueillir le spécimen bien entier : racine, tige, feuilles, fleurs et fruits. Tout végétal qui n'a point encore atteint sa floraison doit être respecté; il ne pourrait figurer utilement dans l'herbier. L'emploi de la houlette rend ordinairement très-facile l'enlèvement des plantes herbacées. L'échantillon, détaché du sol avec précaution, est ensuite placé dans la boîte avec une étiquette portant sa détermination sommaire et l'indication du lieu. Les tiges trop longues peuvent être pliées sans inconvénient. Pour les arbres, arbustes ou arbrisseaux, on prend avec la serpette des rameaux portant des feuilles, des fleurs ou des fruits. Il est très-avantageux de ne recueillir les plantes que lorsque le temps est bien sec et lorsque le soleil en a pompé toute l'humidité. Les plantes mouillées se dessèchent mal, à moins que l'on ne prenne pour leur dessiccation des précautions toutes particulières. Il ne faut recueillir plusieurs échantillons d'une même espèce que si cette espèce est rare, ou bien si l'on ne peut rencontrer sur un seul pied les divers caractères parfaitement complets; autrement, la boîte serait bientôt encombrée.

Les objets nécessaires pour la préparation sont : une ou deux rames de papier gris demi-collé ; — deux ou trois paires de fortes planches, de 50 centimètres de haut sur 30 de large, formées de pièces assemblées comme celles des planches à dessin ; — un même nombre de solides courroies de cuir portant des œillets et une boucle.

Au retour de l'herborisation, si l'on ne peut s'occuper immédiatement de la préparation des plantes, il faut placer la boîte à la cave pour maintenir frais le contenu, ou bien extraire la récolte et l'envelopper d'un linge mouillé. Il est toujours préférable, néanmoins, de procéder le plus tôt possible à la mise en paquet.

Pour cela, les plantes étant étalées sur une table, on les dispose une par une entre des feuilles doubles de papier gris ; si les échantillons sont petits, on peut en réunir plusieurs dans la même feuille. En faisant cette première opération, on a soin d'étaler les diverses parties des plantes, toujours un peu froissées pendant leur séjour dans la boîte. Lorsqu'une feuille est terminée, on place au-dessus un coussin formé de 3 ou 4 feuilles du même papier, et l'on dresse ainsi une pile de 30 à 40 centimètres de hauteur, comprenant autant de feuilles que de coussins. On introduit cette pile entre deux planchettes ; on adapte autour de ces planchettes deux courroies, et l'on serre de manière à exercer sur l'ensemble du paquet une compression assez considérable, quoique toujours assez limitée, car autrement les sucs seraient extravasés par la rupture des tissus, et les échantillons noirciraient. Au lieu d'employer des courroies, on peut se contenter de placer sur la planchette supérieure des pavés, des in-folio, etc. Au bout de 12 à 15 heures, on retire les pavés, ou bien l'on desserre les courroies, et, sans toucher aux feuilles qui contiennent les plantes, on renouvelle les dossiers interposés, ceux qu'on avait placés d'abord se trouvant nécessairement pénétrés d'humidité. Le renouvellement des dossiers doit être effectué à des intervalles de plus en plus éloignés, jusqu'à ce que les plantes soient complétement sèches, ce qui demande de 5 à 15 jours, suivant l'état de l'atmosphère. On peut hâter ce moment en exposant le paquet au soleil, à la chaleur du feu, ou bien même en le faisant séjourner pendant un temps très-court dans un four à demi refroidi. Mais, par ce procédé, il est à craindre que les échantillons deviennent trop cassants.

Lorsque les plantes sont parfaitement sèches, on procède à leur classement définitif. On les fixe sur des feuilles simples de fort papier blanc, au moyen de petites bandelettes enduites de gomme arabique. De petits sachets de papier renfermant les graines qu'on a pu recueillir sont collés sur la même feuille. Au bas, on attache une étiquette portant, avec le nom de la famille, le nom générique et spécifique de la plante, le lieu et le jour où elle a été trouvée. Chaque feuille est insérée dans une chemise de papier mince destinée à la protéger. Les espèces appartenant au même genre sont ensuite réunies dans une enveloppe commune, munie à sa partie inférieure d'une étiquette saillante, portant l'indication du genre. Les différents genres d'une même famille sont groupés pareillement. La succession des familles et des genres s'établit dans l'ordre adopté dans la *Flore* que l'on a choisie pour guide, et cet ensemble de plantes classées méthodiquement constitue un herbier.

L'étude de la géologie implique non-seulement l'usage d'échantillons bien choisis des roches et des espèces minérales décrites dans les livres, mais encore un travail personnel d'exploration, de vérification sur place et de collectionnement. Il serait bien difficile assurément de compléter ainsi les études relatives à toutes les parties du cours; car il n'est point de localité qui puisse fournir des exemples de tous les phénomènes géologiques, des coupes de toutes les séries de couches, des échantillons de toutes les roches et de toutes les espèces minérales; mais le travail dont nous parlons a surtout pour but d'initier les élèves aux méthodes d'observation dont se sont servis les fondateurs de la science, et de leur donner une certaine connaissance de procédés qui sont susceptibles d'une application générale, quelle que soit d'ailleurs la nature des terrains. En se plaçant à ce point de vue, on rencontre partout de nombreux et d'intéressants sujets d'étude, et il resterait bien peu de chose à désirer, s'il était possible que l'on explorât successivement des terrains d'origine, de structure et d'arrangement tout à fait opposés, des terrains ignés et sédimentaires, par exemple. Il suffira pour cela, dans certaines régions, que l'on se transporte à quelques kilomètres.

L'équipement du géologue est des plus simples. C'est d'abord un marteau de forme spéciale, dit marteau de minéralogiste, tel qu'on peut se le procurer chez la plupart des quincailliers, avec la précaution d'y faire adapter un excellent manche, la rupture de ce manche pouvant entraîner des blessures très-graves. A défaut de marteau spécial, un bon marteau ordinaire et un fort ciseau feront l'affaire. Ajoutons à cela : une carnassière vaste et solide, ou bien une forte boîte de botaniste, pour contenir les échantillons ; des crayons et un petit cahier pour tracer le croquis des coupes; du vieux papier de soie pour envelopper les échantillons et les fossiles précieux ou fragiles, avec quelques petites boîtes de carton pour les enfermer au besoin ; enfin, une petite boussole de poche pour relever la direction des couches.

Le botaniste, abstraction faite des espèces rares qu'il va chercher dans des endroits spécifiés, rencontre tout le long de sa route des objets dignes d'un certain intérêt et qui lui font paraître les distances plus courtes. Au contraire, le géologue n'a guère d'occasions d'observer, en dehors des localités où les déchirures naturelles du sol, ou bien les travaux exécutés par l'homme, carrières, mines, tranchées, etc., lui permettent de pénétrer à quelque profondeur dans l'écorce du globe. Complétons le contraste, en rappelant que les excursions botaniques n'offrent aucun danger, tandis que l'exploration des carrières et autres cavités est loin de présenter une sécurité entière, surtout quand il s'agit d'y conduire un certain nombre de jeunes gens inexpérimentés. Il ne faut pas oublier que des coups de marteau donnés sans précaution suffisent souvent pour détruire l'équilibre instable des piliers et produire des éboulements ; que des cris ou des chants, répercutés et grossis par les échos, suffisent bien souvent aussi pour provoquer la chute des pierres qui forment la voûte ; que des puits de communication existent très-fréquemment à fleur du sol dans les galeries de carrières, sans que rien indique leur approche. A notre avis, toutes les fois que la partie béante de la carrière suffit pour donner la physionomie du terrain, et que l'on peut y recueillir des échantillons bien marqués et les fossiles caractéristiques, il vaut mieux s'abstenir de pénétrer dans des profondeurs dont l'exploration n'offrirait guère que des dangers sans compensation. Ce que nous venons de dire est spécialement applicable aux anciennes mines abandonnées, dans lesquelles il serait toujours très-imprudent de s'aventurer sans le concours d'un guide. Il existe, d'ailleurs, en général, aux orifices de ces mines, des amas de débris d'exploitation dans lesquels on trouve à foison toutes les matières que l'on irait chercher fort péniblement dans les galeries.

Le choix des échantillons demande une certaine sagacité. S'il s'agit d'une roche, il faut prendre un spécimen où tous les éléments constitutifs se montrent bien représentés, quitte à recueillir, en même temps, d'autres échantillons donnant soit les accidents de structure, soit les passages d'une roche à une autre. Supposons, par exemple, qu'il s'agisse du granite ; il faudra d'abord un échantillon présentant les trois éléments dans leur mode normal d'association. S'il se rencontre des points où tel ou tel élément domine, soit le feldspath, soit le quartz, on pourra en prendre un échantillon ; de même, pour cette partie de la roche granitique qui forme comme la croûte et qui diffère notablement des portions intérieures. S'il s'agit d'une roche possédant des fossiles caractéristiques, il faut autant que possible que l'échantillon renferme ces fossiles. Quant aux fossiles que l'on recueille isolément, il faut toujours prendre des individus bien complets, et, si les pièces sont délicates, ne pas craindre d'enlever en même temps leur gangue argileuse ou calcaire, qui leur servira de protection. S'il s'agit d'espèces minérales, on recherche particulièrement les échantillons qui présentent l'espèce avec sa forme cristalline. S'il s'agit d'un minerai, il est nécessaire que l'échantillon renferme avec le minerai un fragment de la roche dans laquelle il est engagé.

Les échantillons ne doivent pas sortir, quant à la forme et aux dimensions, et surtout lorsqu'il s'agit de roches, d'un certain type que l'on aura adopté pour la collection. Le type le plus général est un parallélipipède de huit à dix centimètres de hauteur, sur six à sept environ de largeur et trois à quatre d'épaisseur. On dégrossit sur place les échantillons, et l'on achève la taille de retour chez soi, en abattant, si l'on veut, les arêtes latérales de manière à donner à chaque pièce une forme analogue à celle de certains savons.

Le travail du géologue, une fois l'exploration terminée, est moins long, moins minutieux que celui du botaniste; il lui reste à finir ses échantillons et à les déterminer ainsi que les fossiles. Ceux-ci devront être plus ou moins complétement dégagés de leur roche, ce qui nécessite quelquefois l'emploi d'un burin. Les fossiles de petite dimension, après avoir été bien nettoyés, sont collés sur des plaques de carton ou de papier fort, avec une légende indiquant le nom et la localité. Les fossiles d'un certain volume, les échantillons de roches et d'espèces minérales sont placés dans des boîtes plates de carton qui leur servent de support et laissent en vue toute la partie supérieure.

La détermination des fossiles se fait en comparant les échantillons avec les figures qui abondent dans un grand nombre d'ouvrages de géologie et de paléontologie. Il arrive souvent que l'on ne trouve pas exactement le type même de l'échantillon qu'on a entre les mains, mais seulement un type très-voisin, faisant partie du même groupe;

on sera certain, par exemple, que l'on possède une térébratule, sans être cependant fixé sur l'espèce. Dans ce cas, il faut se borner à l'indication que l'on connaît, inscrire sur la légende le mot *terebratula*, en laissant, après ce mot, une lacune qui sera remplie ultérieurement par l'adjectif spécifique, lorsqu'on aura trouvé le type précis que l'on cherchait.

Nous ne saurions terminer cet appendice sans dire quelques mots des instruments d'optique qui sont les auxiliaires indispensables de toute étude un peu sérieuse des sciences naturelles. Ces instruments se réduisent à trois : la *loupe*, le *microscope simple* et le *microscope composé*.

La loupe la plus simple consiste en une lentille bi-convexe, enchâssée dans une monture à recouvrement. Assez généralement, on réunit deux et même trois loupes dans une même monture. Ces lentilles, indépendantes les unes des autres, sont disposées néanmoins de manière à pouvoir se superposer, ce qui permet d'augmenter la série des grossissements que l'on obtenait en employant séparément chacune d'elles. Les loupes simples, les biloupes et les triloupes se vendent chez tous les opticiens. Il doit toujours s'en trouver une dans la poche du naturaliste, surtout dans les excursions. Malgré le faible grossissement qu'elles donnent, relativement aux microscopes composés et même aux microscopes simples, elles sont d'une extrême utilité toutes les fois qu'il s'agit d'examiner rapidement des objets petits et d'une structure délicate, les différentes parties des fleurs et des insectes, les cristaux des échantillons minéralogiques, etc.

Le microscope simple est particulièrement destiné aux études sédentaires, à l'examen minutieux et approfondi de la structure intime des tissus animaux ou végétaux. Sa monture un peu compliquée le rend malheureusement d'un prix assez élevé ; mais il ne faut point perdre de vue qu'avec un peu d'ingéniosité, et, en s'aidant des figures que renferment les ouvrages de physique, on arrive, sans trop de peine, à fabriquer soi-même un support passable, de sorte qu'il ne reste plus que la dépense des *doublets.*

Les doublets se composent de deux verres plano-convexes, enchâssés dans une monture de cuivre. Les plus commodes pour l'étude sont ceux qui donnent des grossissements de 12,24 et 40 diamètres, ce qui correspond à des foyers de 10 lignes, 5 lignes et 3 lignes. Le prix de ces doublets varie entre 6 et 10 francs, suivant le pouvoir amplifiant. Pour les grossissements supérieurs, il est plus avantageux de se servir du microscope composé.

Nous n'avons pas à donner ici la description du microscope composé. Tout le monde connaît cet instrument; et

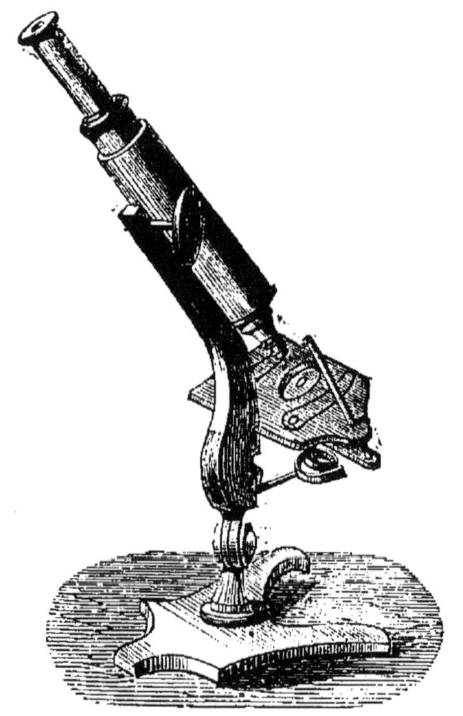

Fig. 143. — Microscope composé.

cependant bien peu de personnes le possèdent; il manque même dans un grand nombre de collections scientifiques. Ce fait ne tiendrait-il pas un peu à l'idée exagérée que l'on se fait généralement du prix d'acquisition d'un microscope? On trouve, il est vrai, sur les catalogues des opticiens, des microscopes cotés jusqu'à 1000 à 1200 francs;

mais il est question alors d'instruments hors ligne, construits avec des soins exceptionnels, et dont le prix comprend, d'ailleurs, une foule d'accessoires très-dispendieux. De pareils instruments sont évidemment nécessaires pour les travaux de haute science, et, dans certaines recherches, le micrographe doit faire appel à l'habileté sans égale des Chevalier, des Nachet, des Hartnack. Lorsqu'il s'agit d'études tout à fait élémentaires, on peut se contenter d'auxiliaires beaucoup moins parfaits, sans doute, mais dont le prix est beaucoup plus accessible aux petites bourses. Nous devons à l'obligeance d'un de nos bons fabricants de Paris, le dessin d'un microscope à platine mobile et à tube renversable, donnant une série de grossissements de 200 à 300 diamètres, et dont le prix ne dépasserait pas 50 francs. Pour 70 francs environ, on pourrait se procurer un instrument de même force amplifiante, construit de manière à servir alternativement de microscope simple et de microscope composé, et pourvu de quatre doublets. Enfin, nous croyons qu'en supprimant tout luxe de construction, il ne serait pas impossible d'établir, au prix de 30 francs environ, un microscope d'une amplification très-suffisante pour les études qui font l'objet de l'enseignement secondaire spécial.

L'emploi du microscope composé passe pour difficile. Certainement, l'observation devient très-délicate, très-subtile, pleine d'embûches, lorsqu'on s'élève aux grossissements de 800 et 1000 diamètres ; mais, en dehors des micrographes de profession, qui se sert de ces amplifications inouïes ? Dans les circonstances ordinaires, l'usage du microscope ne présente point de difficultés sérieuses, et, pour peu que l'on y apporte de persévérance, l'on arrive assez rapidement à bien choisir les grossissements, à bien mettre au point, à bien éclairer les objets, suivant qu'ils doivent être vus par transparence ou par réflexion.

Quant à la préparation même des pièces, il faut ne pas oublier que, la plupart du temps, les objets doivent être étudiés par transparence et qu'ils doivent être réduits en tranches d'une très-faible épaisseur. Avec un peu d'habitude, et en se servant d'un rasoir bien affilé, on réussit aisément à faire des préparations qui offrent cette condition indispensable. Il suffit le plus généralement de placer les objets ainsi préparés entre deux verres minces que l'on réunit l'un à l'autre au moyen de bandes de papier. Dans d'autres circonstances, il faut qu'ils soient recouverts et pénétrés d'une matière visqueuse, tantôt le sirop de sucre incristallisable, tantôt le baume du Canada. On consultera utilement à ce sujet, comme pour tout ce qui concerne l'emploi du microscope, le *Manuel de l'observateur au microscope*, de M. Dujardin, ou bien le *Manuel de l'étudiant micrographe*, de M. Arthur Chevalier.

TABLE DES MATIÈRES

FIN DE LA TABLE.

www.ingramcontent.com/pod-product-compliance
Ingram Content Group UK Ltd.
Pitfield, Milton Keynes, MK11 3LW, UK
UKHW012027240726
13965UKWH00002B/612

9 782011 902856